ENTERPRISE

PLAYBOOK

company

ENTER PLAY

Das wegweisende Arbeitsbuch für Macher

companions

PRISE BOOK

Strategen,
nnen und Gestalter

MURMANN

INHALT

FOKUS II

FOKUS III

INHALT

Hinweis zum Gendern:
Wir bitten alle Leserinnen und Leser, sich mit den gewählten Formulierungen angesprochen zu fühlen.

COUNTDOWN

Wir leben im Raumschiff Enterprise. Vor uns liegt eine unbekannte Welt von Galaxien, die nie ein Mensch zuvor gesehen hat. Wir haben keine Ahnung, was uns erwartet. Welchen neuen Lebensformen werden wir begegnen? Welche Chancen werden sich eröffnen und welche Gefahren werden auf uns lauern? Wir navigieren ins Ungewisse.

Worauf wir uns verlassen können, ist unser bestens ausgestattetes Raumschiff mit Warp-Antrieb, der überlichtschnelle, interstellare Reisen ermöglicht. Kleinere Shuttles. Und das Beamen, über das wir nahe gelegene Reiseziele erreichen können. Wir haben Sprechgeräte, die außerhalb des Raumschiffs Verständigung ermöglichen. Tricoder für die Datenaufzeichnung, -speicherung und -analyse. Verlassen können wir uns auch auf eine starke Mannschaft. Unser Leadership-Team, das aus Captain James T. Kirk, dem Wissenschaftsoffizier und strengen Logiker Mr. Spock mit den exotischen spitzen Ohren und Augenbrauen und dem mürrischen, frotzelnden Humanisten und Schiffsarzt Dr. Leonard McCoy, genannt Pille, besteht. Wichtige Besatzungsmitglieder sind zudem der schrullige schottische Chefingenieur Montgomery Scott, genannt Scottie. Am Navigationspult der dynamische Japaner Hikaru Sulu und der Russe Pavel Chakov. Kommunikationsoffizierin ist die empathische und humorvolle Leutnant Uhura. Die Unterschiedlichkeit der Charaktere und das zwischen ihnen offen ausgetragene Ringen helfen, bestmögliche Enscheidungen unter größtmöglich denkbarer Unsicherheit zu treffen.

Du spürst: Es ist kein Zufall, dass das Playbook Enterprise gerade jetzt, Mitte der 20er-Jahre des 21. Jahrhunderts, erscheint. Weniger deshalb, weil wir zeitlich näher dran sind an der Reise des Raumschiffs Enterprise durch die Galaxien im Jahr 2200. Sondern vielmehr, weil die vor unseren

Unternehmen liegenden Herausforderungen uns zuweilen so unbekannt vorkommen wie diejenigen, denen Kirk, Spock und ihr Team bevorstanden. Die Fernsehserie *Raumschiff Enterprise* erschien Ende der 1960er-Jahre zu einem Zeitpunkt, als sich mit der atomaren Aufrüstung im Kalten Krieg globale Existenzangst breitmachte. Und als mit der ersten bemannten Mondlandung 1969 der Sehnsuchtsraum Weltall greifbar wurde.

Heute beschäftigen sich Elon Musk und seine Mitstreiter im Umfeld der Singularisten im Silicon Valley mit der Frage, ob, wie und wann die Menschheit den Mars besiedeln kann. Auf der Erde haben wir mit der weltweiten Pandemie 2020/21 einen zuvor undenkbaren Zustand eines globalen Stillstands der Volkswirtschaften erlebt. Die Veröffentlichung eines Large Language Model namens ChatGPT durch Open AI im November 2022 hat allen erstmals ein Gefühl dafür gegeben, mit welcher Wirkungsmacht und welchen Möglichkeiten künstliche Intelligenz in alle Geschäftsmodelle und Lebensbereiche eingreifen wird.

In globaler Perspektive erleben wir die Auswirkungen der Erderwärmung in Form häufiger werdender Naturkatastrophen, Extremwetterlagen und ansteigender Migrationsbewegungen von der Süd- zur Nordhalbkugel unseres Planeten. Kriege in Europa, im Nahen Osten und an den Logistikadern der Weltwirtschaft. Wir erleben einen Umbruch weg von der wirtschaftlichen und politischen Dominanz der USA und des Westens hin zu einer multipolaren Welt von wirtschaftlichen Kraftzentren mit China, Indien, Brasilien und weiteren Akteuren im globalen Süden. Offene demokratische Gesellschaftsformen des Westens, die bislang wirtschaftlichen Wohlstand ermöglicht haben, geraten durch innere und äußere diktatorische Tendenzen und Feinde unter Druck. Wir bewegen uns weg von Energieversorgung sowie Treibstoffen der Logistik und Mobilität über Kohle und Öl hin zu erneuerbaren Energiequellen und Batterie- oder Wasserstoffantrieb – ohne dass klar ist, ob und wie der Bedarf einer exponentiell wachsenden Erdbevölkerung vollständig ersetzt werden kann. Preis- und Inflationssteigerungen, ein wachsendes Bewusstsein für Umwelt und das Infragestellen von Wachstum verändern Konsumentengewohnheiten und stellen Wachstumslogiken der Vergangenheit infrage.

In stärker unternehmensbezogener Perspektive sind wir mit durchbrochenen Lieferketten konfrontiert, müssen die Resilienz in allen Teilen der eigenen Wertschöpfung erhöhen und sollen all dies mit den unter dem Begriff New Work zusammengefassten neuen Realitäten der Arbeitswelt zusammenbringen.

In Summe: Die Logiken der Vergangenheit stehen Kopf, ohne dass absehbar wäre, wann und wie sich das Neue zusammenruckelt.

Das Playbook Enterprise macht Mut, eine solche Phase der Unsicherheit als eine großartige Möglichkeit für Gestaltung in unseren Unternehmen zu betrachten. Das Playbook Enterprise gibt keine endgültigen Antworten. Besserwisserei und Vorfestlegungen sind die ungeeignetsten Rezepte für das Navigieren im Ungewissen. Ebenso ist die Zeit eines Managements am Ende, dessen Verständnis zu Beginn des Industriezeitalters geschaffen wurde, um Massenproduktion in Linienstrukturen zu skalieren. Statische Strategieprozesse, starr hierarchisch geordnete Organisationen in Kästchen und ein kontrollierendes Führungsverständnis haben ausgedient.

Das Playbook gibt hingegen wirkungsvolle Fragen und strukturierende Denkmuster an die Hand, die helfen, stimmigen Antworten näher zu kommen. Wir zeigen, wie wir uns vorantasten sowie Chancen und Risiken in einer machbaren Balance halten können. Das Autorenteam schöpft dabei aus mehr als anderthalb Jahrzehnten Neugier, Antizipation, Weiterentwicklung und intensiver Arbeit mit Mitarbeitenden,

Führungskräften, Geschäftsführungen, Aufsichtsgremien und Gesellschaftern von Unternehmen.

Wir wissen, dass die Reise, die wir antreten, ein »Infinite Game« ist, das nie an ein Ende kommen wird. Auf unserer Entdeckungsreise in unbekannte Galaxien werden wir immer wieder neuen Erkenntnissen begegnen, mit denen wir umzugehen lernen und die wir zu unserem Vorteil nutzen werden. Wir können nicht die Chancen und Gefahren vorhersagen, auf die wir treffen.

Zwei Dinge können wir aber beeinflussen. Wir können nach angemessener Analyse und mit Mut entscheiden, auf welchem Planeten wir landen wollen und auf welchem nicht. Und wir können die Voraussetzungen für den Umgang mit Ungewissheit, gute Entscheidungen und deren Umsetzung schaffen: wie wir unser Raumschiff und das Team aufstellen und welche Haltung wir gegenüber dem Ungewissen einnehmen, um die unbekannten Phänomene zum Vorteil und zur Weiterentwicklung unseres Geschäftsmodells zu umarmen. Um sicherzustellen, dass unser Unternehmen langfristig im Spiel bleibt. Oder um rechtzeitig zu erkennen, dass eine Fortführung des Unternehmens nur mit einem Partner oder nur in anderer Konstellation möglich ist.

Auf unserer Reise werden wir auf mindestens vier Planeten zwischenlanden und wichtige Zutaten für den Umgang mit Unsicherheit näher betrachten:

1. Wie navigieren wir durchs Unbekannte? Erste Zwischenlandung, um Strategie neu zu denken und umzusetzen.

2. Wie stellen wir uns intern auf, um Entwicklungen vorauszuahnen und Unbekanntem gut begegnen zu können? Zweite Station mit dem Fokus auf der Organisation resilienter Zusammenarbeit.

3. Wie führen wir Teams im Umgang mit dem Unbekannten? Dritter Reisestopp, um sich selbst zu reflektieren und ermutigende Führung vorzuleben.

4. Wie prägen wir die Haltung in einer Organisation, sodass der Zustand von Unsicherheit und dauernder Veränderung als natürliches Phänomen angenommen wird? Das vierte Zwischenziel inspiriert, die Rahmenbedingungen zu schaffen, in denen veränderungsbereite Unternehmenskulturen gelebt werden können.

Wir, deine Companions auf der Reise, geben Vorlagen, Fallbeispiele, eigene Positionen an die Hand und fassen diese am Ende eines jeden Kapitels zusammen. Es gibt Checklisten, Fragen und Selbsttests. Das Playbook ist ein Playbook. Das heißt, wir laden dazu ein, mit den Inhalten und Anregungen zu experimentieren. Probiere aus, stelle einen eigenen Reiseplan für deine Bedürfnisse zusammen, entwickle die Impulse weiter. Du kannst das Playbook von vorne bis hinten lesen. Du kannst es Kapitel für Kapitel lesen und anwenden. Es immer wieder hervorholen als Reisebegleiter auf der Reise deines Raumschiffs.

Neben der hier vorliegenden deutschen, gedruckten Fassung gibt es eine englischsprachige E-Book-Version. Getreu der Aufgabenstellung ist es ein »Infinite Playbook«: Wir werden in den kommenden Jahren immer wieder digitale Ergänzungen, Anregungen und neue Fallbeispiele veröffentlichen und zu einem Dialog unter Fans und Companions einladen. So wirst du Teil der »Community Raumschiff Enterprise«, deren Mitglieder in ähnlicher Verantwortung in Organisationen stehen und sich gegenseitig vertraulich begleiten beim Meistern von Unsicherheit.

Nun heißt es: Bitte anschnallen. Los geht's mit Mut und Augenmaß auf Entdeckungsreise ins Ungewisse.

Deine
Companions

Werde Mitglied der Enterprise Community! Dafür scannst Du einfach den QR-Code oder loggst Dich auf www.enterpriseplaybook.de ein.

Dort erhältst Du nicht nur Templates aus dem Buch zum Download, sondern Du profitierst auch von unseren laufend aktualisierten Inhalten: weitere CHECK und PLAY Elemente, Unternehmensbeispiele und neue spannende Impulse.

FOKUS I

STRATEGIE
NAVIGIEREN
INS UNBEKANNTE

Auf der Kommandobrücke des Raumschiffs Enterprise herrscht angespannte Konzentration. Wir blicken durch das Brückenfenster in die schwarze Unendlichkeit, die durch unzählige Lichtpunkte durchbrochen wird. Von Zeit zu Zeit sausen Kometen knapp an unserem Raumschiff vorbei.

Die Enterprise ist unterwegs in unbekannte Welten. Ihr Auftrag: neue Zivilisationen und Planeten entdecken, kennenlernen und Kooperationen vereinbaren für die Nutzung von Ressourcen im All, wie Wasser oder Edelmetalle.

Die Herausforderung, vor der das Team steht: Wie stellen wir sicher, dass wir neue, für uns relevante Planeten nicht verpassen? Wie vermeiden wir die Begegnung mit kriegerischen Außerirdischen? Wie können wir rechtzeitig signalisieren, dass wir in friedlicher Mission unterwegs sind?

Captain Kirk (an alle): »Vor uns liegt eine unentdeckte Galaxie. Höchste Achtsamkeit und Aufmerksamkeit ist geboten.«

Spock: »Faszinierend. Kleine blaue Planeten.«

Scottie: »Captain! Wir registrieren positive Resonanz zu lebenswerten Bedingungen.«

Pille: »Aber wir realisieren auch eine hohe Kohlenstoffkonzentration in der Atmosphäre. Vorsicht.«

WAS BEI DER STRATEGIEARBEIT HILFREICH IST – UND WAS NICHT (MEHR)

Das Raumschiff Enterprise ist nicht zufällig die Leitmetapher in diesem Buch. Auch Unternehmen müssen ständig Neuland entdecken. Neue Chancen, neue Optionen, neue Risiken.

> **»*Unsicherheit ist das Lebenselixier für Unternehmertum und die Erneuerung von Geschäftsmodellen.*«**

Um in dieser Unsicherheit stabil zu bleiben, unerschrocken und mutig zu sein, müsst ihr, ebenso wie die Enterprise im Weltall, ständig nachdenken, wie ihr eine Strategie erarbeitet, wie ihr die nächste Zukunft plant und wie ihr Aussagen über euer Geschäftsmodell trefft.

Unsicherheit wird genährt durch eine Vielzahl von scheinbar widersprüchlichen Eindrücken, die auf Entscheider einprasseln. Diese Vielfalt wird als »hohe Komplexität« wahrgenommen. Vordergründig erschwert diese Vielfalt strategische Entscheidungen. Hintergründig öffnen sie den Raum der Möglichkeiten, den wir brauchen, um unsere Unternehmen nach vorne zu entwickeln. Lasst uns die Begriffe schärfen, über die wir versuchen, die Gegenwart zu erfassen.

- **KOMPLEXITÄT:** Wir verstehen Gegenwart im Rückblick. Angesichts einer Vielzahl von Variablen eines Problems und der Dynamik, mit der sich Variablen einerseits wechselseitig beeinflussen und andererseits weiter in unbekannte, unendlich viele Handlungsmöglichkeiten auffächern, erscheint uns das Hier und Jetzt als komplex. Ein Beispiel für das Handeln in Komplexität ist das Managen eines Investmentportfolios am Aktienmarkt. Oder die Erziehung eines Kindes: Erfahrung und Expertise helfen, sind aber kein Garant für vorhersagbaren Erfolg. Die Individualität des Kindes und nicht beeinflussbare Einflüsse von außen können zu unvorhersagbaren Ergebnissen führen, sosehr ich mir auch wünschen mag, das Aufwachsen eines Kindes oder die Entwicklung von Anlagen am Aktienmarkt unter Kontrolle zu haben.

- **KOMPLIZIERTHEIT** impliziert eine Vielzahl von miteinander verzahnten Handlungsmöglichkeiten in einem festen Rahmen mit festem Ziel. Ein Beispiel ist die Reparatur eines Autos. Oder das Senden einer Rakete zum Mond. Erfolg ist durch einen hohen Grad an Expertise, Wissen und Erfahrung wahrscheinlich. Lösungswege haben Muster. Auf Grundlage der Muster und Vorerfahrungen gibt es zwar keine Garantie, jedoch einen relativ hohen Grad an Sicherheit für den Ausgang.

- **MEHRDEUTIGKEIT** (»Equivocality«) entsteht durch die Existenz von unterschiedlichen Bedeutungen und Interpretationen von Begriffen, Inhalten und Tatsachen. Wenn Engineering und Vertrieb in einem produzierenden Unternehmen ihre unterschiedlichen Perspektiven auf das bestehende Geschäftsmodell oder auf das, was Innovation heißt, nicht in Einklang bringen, beeinträchtigt Mehrdeutigkeit wirkungsvolle Zukunftsarbeit. Ein Mehr an Informationen und Analysen wird keinen Fortschritt bringen.

- **AMBIGUITÄT** bezeichnet alternative Handlungsmöglichkeiten, bei denen Informationen über die potenziellen Konsequenzen von Entscheidungen bekannt sind, bei denen aber Informationen fehlen, aufgrund derer eine Validierung der Wahrscheinlichkeiten für den Eintritt der Alternativen möglich ist. Ursachen von Ambiguität sind unklare Ziele, Technologien, die nicht richtig verstanden sind, oder eine ungenaue Unterscheidung von Mitteln und Zweck.

Mit dem vielerorts zu hörenden Ausruf »Es ist alles so komplex bei uns!« vermengen wir die genannten Elemente der Unsicherheit, die sehr unterschiedliche Ursachen und damit Lösungswege haben.

Captain Kirk: »Und jetzt bitte alle auf die Brücke. Lagebesprechung. Was ist die größte Herausforderung, vor der wir stehen? Wie bezeichnen wir das Problem, was ist dessen Kern und nicht ein Symptom? Um das zu klären und die unterschiedlichen Sichtweisen einzubringen und zusammenzuführen, brauchen wir alle klugen Köpfe.«

PLAY: EIN GEMEINSAMES VERSTÄNDNIS DER AUSGANGSLAGE ENTWICKELN

Drei Zutaten helfen, diesen Elementen von Unsicherheit wirkungsvoll entgegenzutreten:

ERSTENS: Den Mut haben, Zeit darauf zu verwenden, bei den Beteiligten ein gemeinsames (nicht nur mehrheitliches) Verständnis von Begriffen, Inhalten und Tatsachen zu entwickeln: Was bedeutet Innovation für uns? Wo steht unser Unternehmen heute? Was verstehen wir unter künstlicher Intelligenz? Vor welchen Unbekannten stehen wir?

Unternehmensbeispiel: Ein großer mittelständischer Haushaltsgerätehersteller setzt einen Strategieprozess auf. Im Kick-off-Workshop sind die 20 wichtigsten Führungskräfte aus allen Produktions- und Vertriebsstandorten sowie der Vorstand versammelt. Die Gruppe verständigt sich auf die Fragestellungen, die der neue Strategiezyklus beantworten soll, auf das Vorgehen und auf die Zeitschiene. Im Laufe des Tages stellt sich heraus, dass grundsätzlich unterschiedliche Verständnisse von Schlüsselbegriffen des Strategieprozesses vorliegen – ein klassischer Fall von ungeklärter Mehrdeutigkeit. So verstehen die Verantwortlichen für die digitale Produktentwicklung unter dem Begriff »Innovation« eher disruptive Innovation, die mindestens eines von drei Elementen des bestehenden Geschäftsmodells zerstört: die bestehende Kundenzielgruppe, die bestehende Beziehung zwischen Kunden und Zulieferer oder das Geschäftsmodell an sich. Die für die Produktion Verantwortlichen wiederum verstehen unter Innovation inkrementelle Weiterentwicklungen, die keines der drei Elemente verändern. Auch stellt sich heraus, dass es schon heute unterschiedliche Verständnisse über die Gewichtung von Vertriebskanälen gibt: digital, Direktvertrieb oder über Shops, und dass Vertrieb und Produktion vielfach aneinander vorbeireden. Die Gruppe verabredet sich, erst einmal diese unterschiedlichen Verständnisse über das heutige Geschäftsmodell zu klären, bevor sie in die Strategieentwicklung einsteigen. ■

ZWEITENS: Wir sind mit dem Gesetz des linearen Denkens im Zeitalter der Industrialisierung aufgewachsen. Danach folgt B aus A. Das Ergebnis ist C. Wir sind gewohnt, Probleme zu lösen, indem wir sie in einzelne Komponenten aufteilen und sie neu zu einer Lösung zusammensetzen. Um strategische Entscheidungen in diesen unsicheren Zeiten von Sprunginnovationen zu treffen, müssen wir systemisch denken lernen. Systemisches Denken ist die Fähigkeit, den Lösungsraum kollektiv und ganzheitlich - unternehmerisch, wirtschaftlich, gesellschaftlich, lokal, global – zu analysieren. Und sich der zahlreichen Faktoren des Lösungsraums und deren Abhängigkeiten bewusst zu werden.

DRITTENS: Nicht zu früh in die Lösungsräume springen! Die Offenheit der Räume aushalten, die die Klärung der Voraussetzungen braucht.

In Anlehnung an das Albert Einstein zugeschriebene Zitat könnte man sagen: Manche Rezepte von gestern taugen nicht mehr zur Lösung der Probleme von morgen. Als Antwort auf die Elemente von Unsicherheit hier nun eine Liste von Kernadjektiven für die Strategiearbeit auf dem Weg in die Welt der Unschärfe, Unsicherheit und Unordnung:

- **ZUKUNFTSORIENTIERT:** Annahmen formulieren, die wir immer wieder überprüfen und an denen entlang wir uns in die Zukunft tasten, statt unumkehrbare Festlegungen für die Zukunft zu treffen;

- **AMBITIONIERT:** scheinbar unerreichbare Ambitionen erarbeiten, die die Richtung geben, statt feste, messbare langfristige Ziele zu setzen;

- **STARK:** sich an den eigenen Stärken orientieren und diese ins Verhältnis zu Markttrends setzen, statt sich an Marktbegleitern auszurichten und überflüssige Benchmarking-Analysen in Auftrag zu geben;

- **LERNEND:** sich auf die Abweichungen eines Plans fokussieren, daraus Lehren ziehen und umsteuern lernen, statt die Aufmerksamkeit auf die Einhaltung des Plans zu legen;

- **VERSTÄNDLICH:** Zeit darauf verwenden, ein gemeinsames Verständnis über zentrale Begriffe und deren Bedeutung zu erarbeiten – Innovation, künstliche Intelligenz, Agilität, Strategie –, statt Interpretationsspielraum offen zu lassen;
- **VIELFÄLTIG:** hierarchiefrei die Weisheit der vielen klugen Köpfe im Unternehmen nutzen, statt die Unternehmensstrategie in einem kleinen Team und hinter verschlossenen Türen zu erarbeiten …;
- **KOLLABORATIV:** … und diejenigen, die später die Strategie umsetzen werden, von vornherein zu Mitautoren zu machen. Das erhöht die Akzeptanz und die Umsetzungswahrscheinlichkeit.

Welche NO GOs können wir hieraus für die Entwicklung der Unternehmensstrategie ableiten? Überprüft jeweils kritisch, ob ihr diese Punkte ausreichend bedacht habt.

CHECK:
NO GOS DER STRATEGIEENTWICKLUNG AUSSCHLIESSEN

- **BEQUEMLICHKEIT** – Sich zu früh auf ein scheinbar auf der Hand liegendes Bild der Zukunft festlegen, zum Beispiel: »Weil der Markt für unsere Produkte unendlich ist, wird unser Geschäftsmodell immer Bestand haben.«
- **TRIVIALITÄT** – Triviale Aussagen über neue Entwicklungen treffen, zum Beispiel: »Künstliche Intelligenz wird alle Geschäftsmodelle betreffen.«
- **BASISDEMOKRATIE** – Strategische Richtungsentscheidungen danach treffen, ob sie für alle passen, zum Beispiel: »Wir behalten das Stammgeschäft unverändert bei.«
- **LINEARITÄT** – Lineare Weiterentwicklung des Bestehenden annehmen und exponentielle, volatile oder wieder zurückgehende

Entwicklungen ausklammern, zum Beispiel: »In den kommenden Jahren gehen wir von einem Wachstum von X Prozent aus.«

- **NABELSCHAU** – Geostrategische Zukunftsentwicklungen außer Acht lassen: Wirtschaft, Ökologie, politische und militärische Entwicklungen, wie zum Beispiel, dass in einem nicht unwahrscheinlichen Fall der Übernahme Taiwans durch China vermutlich eine wesentliche Bezugsquelle für Halbleiter gekappt wird.

- **FEHLENDE VORSTELLUNGSKRAFT** – Scheinbar abseitige Szenarien ausschließen, von denen wir hinterher sagen: »Hätten wir doch getan, was wir ahnten!« Ein Beispiel ist Steve Balmers, Ex-CEO von Microsoft, 2007: »Die Gefahr, dass das iPhone einen signifikanten Marktanteil gewinnen wird, besteht nicht. Keine Chance.« Oder der Ex-CEO des seinerzeit größten Buchhändlers der Welt, Barnes & Noble, 1999: »Niemand wird uns jemals schlagen, wenn es um den Verkauf von Büchern geht. Das wird einfach nicht passieren.« Amazon hatte er nicht ins Kalkül gezogen.

- **BEQUEME WETTEN** über Zukunftsentwicklungen eingehen, zum Beispiel: »Die Nachfrage nach unseren Produkten wird in den angestammten Märkten in den kommenden Jahren um X Prozent steigen.«

- **ALLES MACHEN** – Außer Acht lassen, was wir in Zukunft nicht mehr machen werden. Wo verschwenden wir Zeit, Geld oder Energie für Themen beziehungsweise Aktivitäten, die keinen Wertbeitrag (mehr) leisten?

> **»*Eine gute Strategie benennt, was wir zukünftig nicht mehr (prioritär) machen.*«**

Heißt das also, wenn wir die NO GOs beachten, haben wir eine zukunftsfähige Strategie? Nicht ganz. Es ist noch anspruchsvoller, wie die von Clayton Christensen eingeführte S-Kurve der Unternehmensentwicklung uns vor Augen führt.

PLAY:
AUF DER S-KURVE UNTERWEGS

Um die notwendige Offenheit für eine Strategieentwicklung im eigenen Unternehmen zu erzeugen, macht euch das Konzept der S-Kurve der Unternehmensentwicklung bewusst. Reflektiert die aktuelle Situation und Positionierung des Unternehmens.

- Malt eine aufsteigende Kurve, die den erfolgreichen Verlauf eines wachsenden Unternehmens darstellt, die sich abflacht, stagniert und dann niedergeht.
- Fragt eure Kollegen, in welcher Unternehmensphase auf dieser Kurve jeder Einzelne das Unternehmen verortet: »An welcher Stelle der S-Kurve seht ihr unser Unternehmen?« Bittet eure Kollegen einen Punkt auf der Kurve zu setzen.
- Klärt auf, dass der Moment des Gegensteuerns gegen das Abflachen der Wachstumskurve genau auf dem Scheitelpunkt der aufsteigenden Kurve liegt (lila Punkt). Also dann, wenn alles noch gut läuft. Das macht Veränderung in guten Zeiten so schwierig und doch so wichtig. Die blaue S-Kurve, die aus dem Scheitelpunkt wächst, illustriert erforderliche Aktivitäten, um rechtzeitig ein neues Geschäftsmodell zu entwickeln, neue Vertriebsregionen zu erschließen oder sich anderweitig neu zu erfinden. Fragt euch: »Welche Initiativen gibt es/braucht es, um die Erneuerung aus euch selbst zu schaffen?«
- Malt einen lila Punkt ganz abseits und unter eurer Entwicklungskurve und bildet daraus eine neue S-Kurve. Fragt euch: »Welcher Wettbewerber oder wer sonst ist unser roter Punkt? Wer ist im Begriff, unser Geschäftsmodell zu disruptieren? Warum und wie könnte das gelingen?«

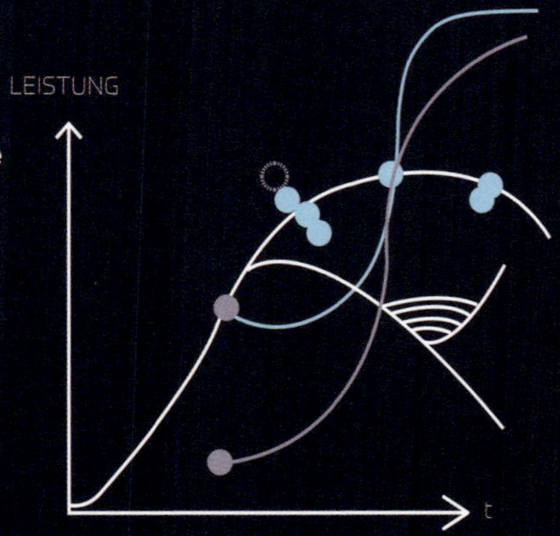

Die Bedrohung unseres Geschäftsmodells kommt von unerwarteter Seite, zum Beispiel, weil ein Wettbewerber eine bislang unterschätzte Kundengruppe zum Gegenstand seines Geschäftsmodells macht. Oder weil die bestehenden Logiken des Marktes dank neuer Technologien infrage gestellt werden. Konkrete Beispiele: Das Hotelbusiness wurde nicht von einer neuen Hotelkette erschüttert, sondern durch AirBnB; der Videoversand (Blockbuster) nicht durch einen Wettbewerber, sondern durch die Möglichkeit des Streamings (Netflix).

Die größten Bedrohungen unseres Geschäftsmodells sind dysfunktionale Zustände oder die Schwerkraft des eigenen Unternehmens, die sich andere zunutze machen, zum Beispiel: Das Taxigeschäft wurde nicht durch Uber infrage gestellt, sondern durch begrenzte Kapazitäten. Einzelhändler sind nicht durch Amazon bedroht worden, sondern begrenzte, unflexible Ladenöffnungszeiten und schlechter Kundenservice haben Amazon möglich gemacht. Nicht die Technologie selbst ist der Disruptor des Bestehenden. Die Bedrohungen liegen vielmehr in der Langsamkeit, sich zu verändern, und in der Unfähigkeit, den Marktentwicklungen voraus zu sein.

»*Wenn wir mit der eigenen Neuerfindung zu lange warten (weil es bequem geworden ist), kann es zu spät sein: ›There is such a thing as being too late.‹ (Martin Luther King)*«

Maschinenraum, Scottie an Kirk: »Wir berechnen gerade die neuen Navigationspunkte. Bitte noch etwas Geduld.«

Damit sind die Grundlagen gelegt. Bevor wir nun in den konkreten Prozess der Strategieentwicklung einsteigen, bleibt die Frage, wer daran mitwirken soll.

Wer löst die anstehenden Entscheidungsknoten in der Strategieentwicklung? Wen nehmen wir mit auf die Reise der Strategieentwicklung? Wie treffen wir die richtige Wahl der richtigen Leute zum richtigen Zeitpunkt am richtigen Ort? Kurzum: Wie wählen wir die richtigen Mitautoren unseres Wegs in die Zukunft aus?

PLAY:
DIE RICHTIGEN AUSWÄHLEN

- Wählt diejenigen aus, die einen **BEITRAG LEISTEN,** und nicht diejenigen, die überall dabei sein wollen. Oder qua Rang oder Funktion vorgeblich dabei sein müssen.

- Achtet darauf, dass ein guter Querschnitt der Arbeitsbereiche und Vertretungen der Länder und damit **UNTERSCHIEDLICHE PERSPEKTIVEN** im Team vorhanden sind.

- Schreibt die Mitarbeit im Strategieteam aus, sodass sich jeder im Unternehmen, der die beiden vorgenannten Kriterien erfüllt, bewerben kann. Macht so aus der passiven Entgegennahme der Aufgabe (»Das jetzt auch noch?«) eine **AKTIVE EIGENE ENTSCHEIDUNG.**

Captain Kirk: »Schutzschild an. Wir fliegen jetzt eine lange Kurve. Es könnte rumpeln.«

DER NAVIKREISLAUF – DAS NIEMALS ENDENDE SPIEL

Unsere Navigationshilfe ist aus zwei Gründen geeignet, dem Navigieren im Unbekannten eine Antwort entgegenzusetzen:

- Strategiearbeit hat keinen Start- und Endpunkt, sondern findet permanent statt in Form von wiederkehrenden Strategieschleifen, will sagen: Es ist ein anspruchsvoller und dauerhafter Prozess in der Organisation.

- Statt den Versuch zu unternehmen, einen umfassenden Zielzustand des Unternehmens in der Zukunft zu beschreiben (und den Weg dorthin exakt zu messen), gewährleistet der Navikreislauf, dass wir

  - uns den übergreifenden Zweck des Unternehmens bewusst machen,

  - zu Beginn gründlich verstehen, welche Auswirkungen Trends und scheinbar abseitige Entwicklungen auf unser Geschäftsmodell haben können,

  - uns auf wenige, stark strategische Ambitionen für die kommenden Jahre konzentrieren, die unser Handeln bestimmen werden,

  - unsere so entwickelte Ausrichtung fortlaufend hinterfragen, und notwendige Anpassungen uns nicht aus der Bahn werfen.

Der Navikreislauf der Strategieentwicklung

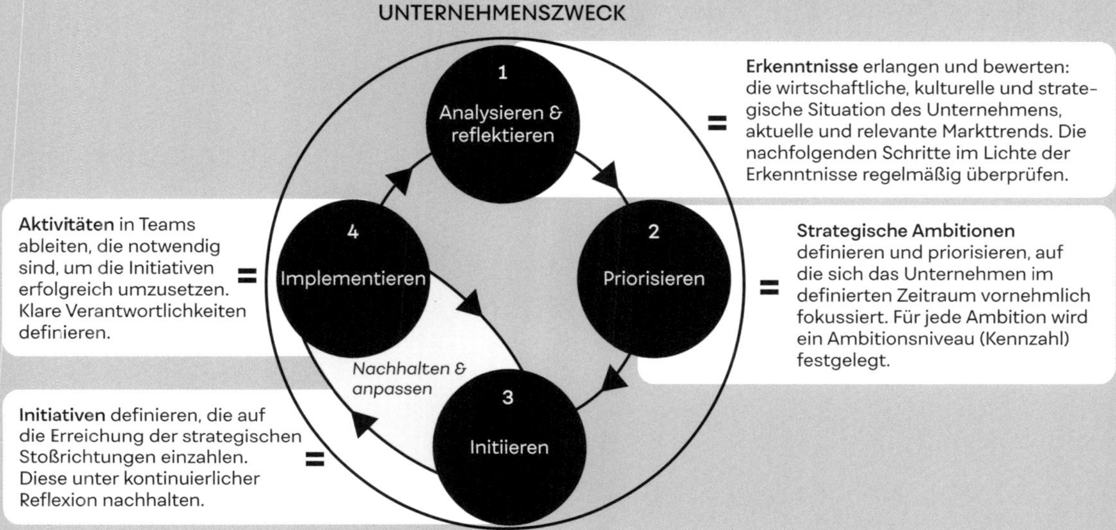

UNTERNEHMENSZWECK

Bevor wir mit dem eigentlichen Kreislauf der Strategieentwicklung beginnen: Wozu gibt es unser Unternehmen? Was ist der Zweck, den es erfüllt? Was würde fehlen, wenn es nicht da wäre?

Zu Beginn einer jeden Episode von »Star Trek« beschreibt Captain James T. Kirk den Zweck der Reise der USS Enterprise: »Der Weltraum, unendliche Weiten. Wir schreiben das Jahr 2200. Dies sind die Abenteuer des Raumschiffes Enterprise, das mit seiner 400 Mann starken Besatzung fünf Jahre lang unterwegs ist, um neue Welten zu erforschen, neues Leben und neue Zivilisationen. Viele Lichtjahre von der Erde entfernt dringt die Enterprise in Galaxien vor, die nie ein Mensch zuvor gesehen hat.«

Der Zweck der Raumfahrtmission ist Erkenntnisgewinn: neue Welten erkunden, Kontakt mit neuen Lebensformen und Zivilisationen aufnehmen und das unbekannte Universum erforschen. Der explorative und friedliche Charakter dieser Mission spiegelt die utopische Vision der Zukunft wider, die »Star Trek« vermitteln möchte.

Der Unternehmenszweck ist die unabhängig von der Strategie stabil bleibende Intention, wonach wir etwas tun, das sinnvoll für jeden Einzelnen und für die Welt jenseits des Einzelnen ist. Er zielt auf einen langfristigen Wert ab und schafft eine von allen Beteiligten geteilte Basis.

Ein guter Unternehmenszweck …

- räsoniert, begeistert, inspiriert und weckt das Gefühl, »ein Teil davon sein zu wollen«,
- ist greifbar und macht deutlich, »wie ich als Einzelner dazu beitragen kann«,
- ist bedeutungsvoll: »ich arbeite für etwas, das größer und wichtiger ist als ich selbst«,
- gibt Antwort, woran wir als Unternehmen glauben und was uns antreibt.

Simon Sinek hat die Diskussion um den Unternehmenszweck (purpose) neu belebt und nennt ihn das WHY. Es drückt aus, woran wir als Unternehmen glauben. Das HOW beschreibt, wie wir etwas tun, damit das Warum in unserem Tun sichtbar wird. Das WHAT sagt, was wir tun.

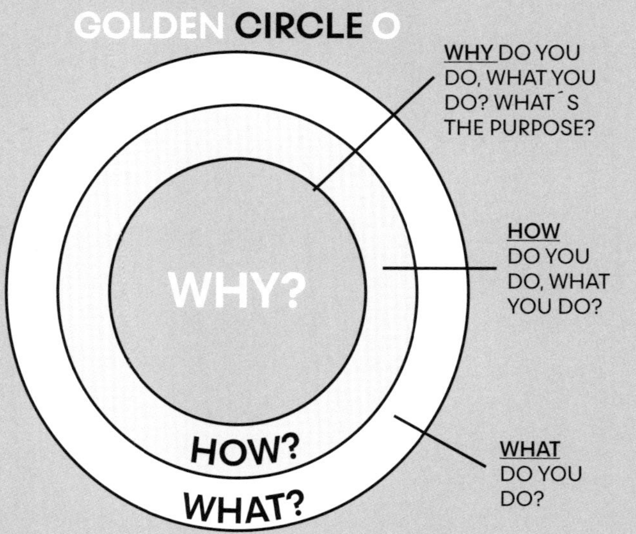

Das Beispiel von Apple verdeutlicht diesen Dreiklang anschaulich:

WHY: »Bei allem, was wir tun, glauben wir daran, den Status quo infrage zu stellen. Wir glauben daran, anders zu denken.«

HOW: »Die Art und Weise, wie wir den Status quo infrage stellen, besteht darin, unsere Produkte schön, einfach und nutzerfreundlich zu gestalten.«

WHAT: »Wir machen großartige Computer.«

Vielleicht fragt ihr euch, welche Relevanz das fürs Geschäft haben soll? Nun, zunächst ist die Sogkraft im Recruiting groß. Viele sehr leistungsbereite Menschen wollen Teil werden, weil der Unternehmenszweck begeistert und inspiriert. Wir selbst – auch nicht Apple – spüren die Wirkung in fast jedem Einstellungsgespräch (company companions Unternehmenszweck: »Wir gestalten Organisationen, in denen Menschen aufblühen und gemeinsam wachsen«).

Ein guter Unternehmenszweck ist niemals vollständig erreicht. Aber jeden Morgen dafür aufzustehen und seinen bestmöglichen Beitrag, als Einzelner und im Team, zu leisten, ist sinnvoll und inspirierend.

Zum anderen durchzieht der Unternehmenszweck das gesamte Unternehmen. Er ist zu einem stark prägenden unternehmenskulturellen Merkmal geworden. Und hätte Apple ohne diesen Zweck mit der Musikindustrie eine ganze Branche durch iTunes auf den Kopf gestellt?

PLAY: PURPOSE-TURNIER

Eine spielerische und effiziente Art, einen Unternehmenszweck zu entwickeln, ist das Purpose-Turnier (wir benutzen hier den englischen Begriff, weil er leichtgängiger ist). Hierbei nutzt ihr die Weisheit der vielen im Unternehmen. Purpose-Turniere könnt ihr mit bis zu 50 Personen durchführen. Und es ist immer wieder erstaunlich, welche guten Ergebnisse es erzielt.

Das Turnier durchlebt mehrere Runden, abhängig von der Anzahl der Teilnehmer. In Runde 1 entwickelt jeder Teilnehmer einen Purpose nach dem Muster: WHY, HOW, WHAT. In Runde 2 verfeinern 2er-Gruppen die Ergebnisse aus Runde 1, indem die 2er-Gruppen gemeinsam einen neuen Purpose aus den beiden Vorschlägen entwickeln. In Runde 3 werden die Ergebnisse in 4er-Gruppen weiterentwickelt. Und so weiter ...

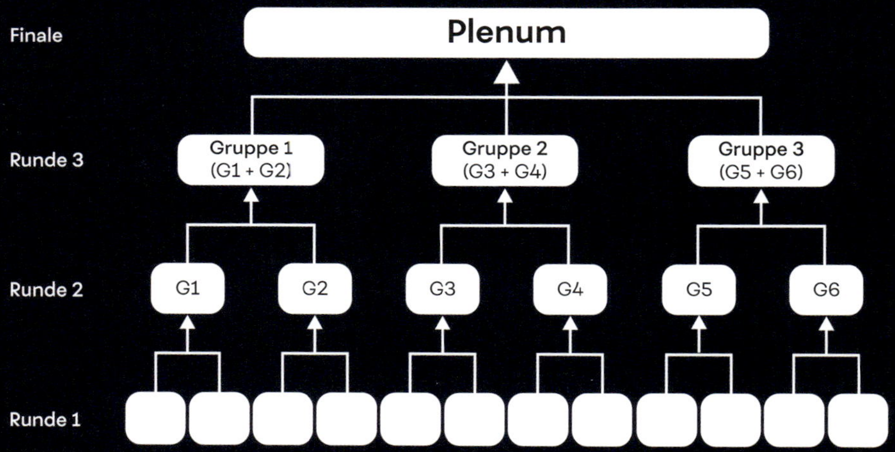

Der Vorteil dieser Übung: Die Teilnehmer entwickeln iterativ ein individuelles Ergebnis und führen es gemeinsam weiter zu einem Ergebnis. Dies erzeugt eine hohe Übereinstimmung aller Meinungen mit dem Gesamtergebnis.

Vielleicht erwartet ihr, dass wir an dieser Stelle Handreichungen über Mission und Vision eines Unternehmens geben. Wir tun das nicht. Es gibt so viele Definitionen dessen, was »Mission« und »Vision« sind, dass wir uns fragen: Was bringt das den Unternehmen? Wir glauben, dass ein guter Purpose und darauf aufbauend eine gut durchdachte Strategie, die immer wieder auf den Prüfstand gestellt wird, bestens dafür rüsten, sich erfolgreich ins Unbekannte voranzutasten.

Damit zum Strategiekreislauf:

ANALYSIEREN UND REFLEKTIEREN: DAS EIGENE UNTERNEHMEN ERKENNEN UND BEWERTEN

Commander Spock: »Um zu wissen, wo wir hinwollen, müssen wir erst einmal genau verstehen, wo wir stehen. Ich will vermeiden, dass wir strategische Entscheidungen aus dem Bauch heraus treffen. Wir brauchen Evidenz. Ich bin in die Tiefen unserer Datenbank eingestiegen und habe eine Analyse erstellt, die ich Ihnen in den nächsten Stunden zeigen möchte …«

»Halt, Commander Spock«, unterbricht Captain Kirk. »So wichtig es ist, fundierte Grundlagen für unsere Entscheidungen zu haben, so sollten wir doch vermeiden, zu viel Zeit auf die Bestandsaufnahme zu verwenden. Das kann zu einer lustvollen Selbstbeschäftigung werden, die dazu einlädt, die eigenen Steckenpferde zu verteidigen und sich durch Analyse zu paralysieren.«

Leutnant Uhura: »… und gleichwohl ist es ein wichtiger Erfolgsfaktor für eine gelingende Strategie, dass wir ein von allen Verantwortlichen getragenes Verständnis dessen entwickeln, wo wir stehen und was uns wichtig ist.«

STÄRKEN UND SCHWÄCHEN BEIM NAMEN NENNEN

Als Ausgangspunkt für die Strategiearbeit reicht eine bewusst grobe Einschätzung der Stärken und Schwächen in einer klassischen SWOT-Analyse. Deren wichtigstes Ergebnis ist das gemeinsame Verständnis von den Stärken und Schwächen des Unternehmens bei allen Beteiligten. Das vermeidet, dass ihr zu einem späteren Zeitpunkt die Diskussionen wieder von vorne beginnt.

Neben einer klassischen SWOT-Analyse kann euch folgende Frageliste hilfreich sein:

CHECK: BESTANDSAUFNAHME

- Wer sind unsere besten **KUNDEN**? Warum arbeiten sie mit uns und nicht mit anderen?
- Worin besteht der **WERTBEITRAG**, für den unsere Kunden Geld zu zahlen bereit sind?
- Was sind wiederkehrende Gründe, warum wir **KUNDEN VERLIEREN**? Welche Muster erkennen wir?
- Welche geschäftlichen **OPPORTUNITÄTEN** erschließen wir am effektivsten? Verpassen wir Opportunitäten? Warum?
- Was mögen unsere **ZULIEFERER** an der Zusammenarbeit? Was nicht?
- Gibt es irgendetwas, mit dem sich unsere Organisation beschäftigt, was sich nicht durch den zu erwartenden Ertrag rechtfertigt? Welche **PROZESSE, VORGABEN, REGELN** etc. sind das? Was davon können wir sofort beenden?

- Welche Art von **HERAUSFORDERUNGEN** lösen wir gut? Welche nicht?
- Wo lösen unsere **SYSTEME UND PROZESSE** verlässlich Probleme und Abläufe und wo nicht?
- Gibt es etwas, wo wir als **ORGANISATION** besser funktionieren sollten? Darunter Dinge, von denen wir wissen, wie es besser geht, es aber nicht tun?
- Wie würden wir unsere **KULTUR** einem Außenstehenden beschreiben? Was sind deren wichtigste Merkmale?
- Steht unsere Kultur unserem **ERFOLG** im Weg? An welcher Stelle und warum?

Aus den Antworten auf diese Fragen entstehen erste konkrete Thesen für Strategieinhalte.

WESENTLICHE LEISTUNGSPARAMETER VERGEGENWÄRTIGEN

Im zweiten Teil könnt ihr euch diejenigen Leistungsparameter und -kennzahlen vergegenwärtigen, die für euer Geschäft besonders wichtig sind. Dabei ist deren Entwicklung über die vergangenen drei bis fünf Jahre in der Regel aufschlussreicher als die isolierte, aktuelle Bestandsaufnahme. Die folgende Checkliste gibt euch eine Auswahl relevanter Fragen.

CHECK: LEISTUNGSPARAMETER VERDEUTLICHEN

- Wie haben sich unsere wichtigsten finanzwirtschaftlichen Kennzahlen (Umsatz, Auftragseingang, EBIT, Eigenkapitalquote) entwickelt?
- Wie haben sich unsere Ausgaben für Innovationen entwickelt – absolut und in Relation zum Umsatz?
- Mit welcher »HitRate« (Verhältnis gewonnener Aufträge zu abgegebenen Angeboten) betreiben wir unser Geschäft?
- Wie haben sich die Personalkosten im Verhältnis zum Umsatz entwickelt?
- Wie haben sich unsere Overhead-Kosten (SG&A – Vertriebs- und Verwaltungskosten sowie allgemeine Betriebskosten) absolut in Relation zum Umsatz entwickelt?
- Ergänzend: COGS (Kosten pro verkauftem Produkt/Dienstleistung)

Die Informationen zur Beantwortung dieser Fragen liegen bei einem funktionierenden Controlling auf Knopfdruck vor oder können aus dem vorhandenen Zahlenmaterial schnell generiert werden. Nehmt euch die Zeit, zu jeder Frage eine Diskussion zu führen, was die wichtigsten Schlussfolgerungen aus der Beantwortung sind. Ergänzend könntet ihr – je nach organisatorischer Aufstellung eures Unternehmens – eine Analyse für die einzelnen Business-Segmente vornehmen.

SCHLÜSSELKUNDEN BEFRAGEN

Spock zu Kirk: »Captain, Sie sind so vertieft in das vor Ihnen liegende Dokument. Worum handelt es sich?«

Kirk: »Unser aktueller Bericht. Er muss heute noch raus. Nach Cape Canaveral zum Kennedy Space Center und in Kopie an das Astrobiologische Institut.«

Spock: »Ach, die sollen uns doch einfach in Ruhe arbeiten lassen!«

Der Dialog mit euren wichtigsten Kunden – über deren Sicht auf unsere Zusammenarbeit, ihre heutigen Erwartungen und zukünftigen Anforderungen. Ihr könnt dies grundsätzlich auf drei verschiedenen Wegen tun:

PLAY:
KUNDENZUFRIEDENHEIT UND -ERWARTUNGEN SYSTEMATISCH ERFASSEN

ERSTENS: Ihr könnt einzelne Schlüsselkunden (in der Regel maximal drei) zu ausgewählten Workshops einladen. Die Vorteile liegen in der Möglichkeit, tiefgehende Diskussionen zu führen und die Bindung zu diesen Kunden zu stärken. Seid sensibel dafür, dass die Sichtweisen der teilnehmenden Kunden nicht repräsentativ sind und somit zu falschen Schlussfolgerungen führen.

ZWEITENS: Ihr könnt einen standardisierten Fragebogen an viele Kunden senden, was potenziell eine hohe Anzahl von Inputs ermöglicht. Die Nachteile dieses Vorgehens liegen darin, dass es keine Möglichkeit zur Klärung von (Verständnis-)Fragen gibt, da der persönliche Kontakt fehlt. Zudem wird die Beziehung zu den teilnehmenden Kunden nicht gestärkt.

DRITTENS: Geht in den Dialog mit etwa 15 bis 20 Kunden aus unterschiedlichen Geschäftsbereichen und Regionen und führt ein circa 45-60-minütiges, halb strukturiertes Interview durch. Bei diesem Vorgehen ist die Gruppe der involvierten Kunden ausreichend groß, um unterschiedliche Perspektiven und Kundenprofile abzudecken. Das Dialogformat erlaubt, Unklarheiten und Verständnisfragen zu klären. Zudem wird die Bindung gestärkt. Der einzige Nachteil besteht in einem gewissen Aufwand.

Die nachstehende Abbildung zeigt ein **Unternehmensbeispiel** für dieses Vorgehen.

DIALOG MIT SCHLÜSSELKUNDEN ÜBER DEREN ZUFRIEDENHEIT UND ERWARTUNGEN

Basisdaten
Gesprächspartner:
Unternehmensgröße:
Branche:

Teil 1: Allgemeine Fragen
1. Was verbinden Sie mit ABC?
2. Was sind die drei wichtigsten Stärken der Produkte/Lösungen von ABC?
3. Was sind unsere drei wichtigsten »Schmerzpunkte«?
4. In welcher Region werden Sie primär investieren?
   a. Top 1 | Top 2 | Top 3
   b. 2025 | 2026 | später

Teil 2: Wonach richten Sie Ihre Kaufentscheidung primär aus – heute/zukünftig)
Lieferzeit | Preis | Service | Innovation | Sonstige
(Bitte bewerten Sie die jeweilige Bedeutung mit 1–6)

Teil 3: Unsere Leistung
1. Wie bewerten Sie unsere Leistung?
   a. ...
   b. ...
   c. ...
2. Was sollten wir beibehalten/anfangen zu tun/aufhören zu tun?
   a. ...
   b. ...
   c. ...
3. Welche Serviceleistungen sind in Zukunft wichtig für Sie (bitte bewerten Sie die jeweilige Bedeutung)?
   a. ...
   b. ...
   c. ...
4. Gibt es Produktkomponenten/Services/Technologien, die Sie gern hätten (und die von uns noch nicht angeboten werden)?
5. Welche Art der Zusammenarbeit wünschen Sie sich?
   a. Kurzfristig, einmalige Lieferung | mittelfristig, mehrmalige Lieferung | langfristige strategische Partnerschaft
   b. National | international

Macht euch auf Gegenwehr gefasst: »Was soll das? Wir kennen doch unsere Kunden!« Und doch bringen die Analyse und die anschließende Diskussion Einblicke in zuvor unbekannter Qualität. Die Ergebnisse lasst ihr direkt in den Prozess der Strategieentwicklung einfließen.

WETTBEWERBSLANDSCHAFT VERSTEHEN

»Wir mögen die Orion ja belächeln, aber deren Gutachten zu elektromagnetischen Feldern sind wirklich bemerkenswert. Gründlich recherchiert und in den Empfehlungen sehr praxisorientiert. Ich spiele mit dem Gedanken, mich mit Commander McLane darüber auszutauschen.« Kirk schaut in verständnislose, teilweise entsetzte Mienen seiner Crew.

Es ist ein schmaler Grat, seine Wettbewerbslandschaft zu analysieren und dabei bedeutungsvolle Hinweise für die Weiterentwicklung des eigenen Unternehmens zu erhalten, ohne gleichzeitig in detaillierte Benchmarking-Untersuchungen zu verfallen. Denn die wesentliche Erkenntnis von Benchmark ist, dass ihr euch nicht vergleichen könnt. Somit hättet ihr euch die Untersuchung sparen können.

CHECK: WETTBEWERBSLANDSCHAFT VERSTEHEN

GRUNDLEGEND: Macht euch klar, wer als zukünftiger, potenzieller Wettbewerber infrage kommt. Die eigene Industrie taugt schon lange nicht mehr als Grenzziehung, wie wir oben an den Beispielen AirBnB und Netflix verdeutlicht haben. Nach dieser wichtigen, grundlegenden Reflexion könnt ihr nach dem folgenden Stufenmodell einen Blick auf Wettbewerbsunternehmen werfen:

STUFE 1: Was sind die wesentlichen Stärken und Schwächen unserer Wettbewerber und was können wir von ihnen lernen?

STUFE 2: Welche strategischen Implikationen leiten wir ab für unser heutiges Geschäft?

STUFE 3: Welche strategischen Implikationen leiten wir ab für unser zukünftiges Geschäft?

TRENDS, GRAUE UND SCHWARZE SCHWÄNE ERKENNEN UND BEWERTEN

Und zum Abschluss der Analysephase geht es noch einmal ganz hoch.

Welche möglichen zukünftigen Entwicklungen werden unser Geschäft beeinflussen? Folgendes Fragengerüst leitet euch bei diesem wichtigen Schritt der Strategieentwicklung, am besten im Rahmen eines Workshops mit den klügsten, unangepasstesten und aufgeschlossensten Köpfen im Unternehmen:

CHECK: TRENDS ERKENNEN

- Was sind die die wichtigsten **TRENDS IN UNSERER INDUSTRIE**, die unser Geschäft in den nächsten fünf bis zehn Jahren beeinflussen werden? Was beschäftigt unsere Kunden und deren Kunden in den nächsten Jahren?
- Welche **ÜBERGEORDNETEN TRENDS** werden unser Unternehmen und unser Geschäft beeinflussen: geopolitische Risiken, Verfügbarkeit von Rohstoffen, Inflationsentwicklung, Kostensteigerungen, Investitionskonjunktur etc.?
- Welches werden unsere besten **KUNDEN** bleiben und warum? Warum kaufen sie bei uns? Was sind deren ausgesprochen und unausgesprochen Bedürfnisse?
- Wie können wir unsere (externen und internen) **KUNDEN UND NICHTKUNDEN** positiv überraschen? Und wo stehen wir diesbezüglich heute? Welchen zusätzlichen Wertbeitrag können wir unseren Kunden bieten? Welche Preisstrategie verfolgen wir konsequenterweise?
- Wie stellen sich unsere **MARKTBEGLEITER** auf die künftigen Trends ein? Was sind deren Stärken und Schwächen? Was können wir von ihnen lernen? Wie werden diese von den Kunden angesehen, die wir gerne als unsere hätten?
- Worauf liegt der **FOKUS** der neuen Strategie? Worauf nicht? Was sollten wir in Zukunft nicht (mehr) tun?
- Was sind entscheidende **INTERNE ERFOLGSFAKTOREN**, die wir brauchen, um unsere Ambitionen zu erreichen?
- Welche **FÄHIGKEITEN UND KOMPETENZEN** brauchen wir, um unsere Ambitionen zu erreichen? Und wo stehen wir diesbezüglich heute?

Im Zusammenhang mit dem Navigieren ins Ungewisse wird viel über »schwarze Schwäne« gesprochen, ein Begriff, den der ehemalige Finanzmarktanalyst und Publizist Nassim Nicholas Taleb in einem Bestseller 2007 für die Wirtschafts- und Gesellschaftswelt eingeführt hat. Er bezeichnet unvorhersehbare, mit geringer Wahrscheinlichkeit eintretende Ereignisse, die extreme Folgen auf bestehende Systeme haben, als schwarze Schwäne. Sie können sowohl positiv als auch negativ sein. So sind zum Beispiel sowohl die zufällige Entdeckung der antibakteriellen Eigenschaften von Penicillin als auch die Finanzkrise 2008 oder die weltweite Coronapandemie 2020/2021 schwarze Schwäne. (Übrigens für alle, die es interessiert: Taleb leitete den Begriff von der Entdeckung von schwarzen Schwänen in Australien Ende des 17. Jahrhunderts her. Vor der Entdeckung des Trauerschwans gingen die Europäer davon aus, dass alle Schwäne weiß wären. Nachdem diese Annahme widerlegt war, bürgerte sich der Ausdruck »schwarzer Schwan« für vollkommen unerwartete Ereignisse im Sprachgebrauch ein).

Bemerkenswert an den Schwarze-Schwäne-Ereignissen ist, dass sie nicht ohne Vorläufer stattfinden, gleichwohl selten vorkommen, enorme Auswirkungen haben und ihre Vorhersagbarkeit im Rückblick leichtfällt. Sie treffen uns als Zeitgenossen unvorbereitet, weil wir die Vorboten und Anzeichen nicht erkennen können, wollen, nicht für möglich halten und mit deren Eintreten nicht rechnen. Beispiele dafür sind der Ukraine-Krieg 2022, bei dem sich die Aggressionspolitik der Regierung Putin bereits seit 2014 mit der Annexion der Krim gezeigt hat. Die aus dem Embargo gegen Russland als Folge des Angriffs auf die Ukraine entstandene Energiekrise hätten wir vorausahnen können. Gleiches gilt für die Coronapandemie 2020/2021, die ihren Vorläufer in der Spanischen Grippe 100 Jahre zuvor hatte. Immobilienblasen oder Finanzmarkt-Crashs sind entgegen landläufiger Meinung keine schwarzen Schwäne, weil sie regelmäßig durch Überhitzung der Märkte eintreten.

Wirklich interessant ist, was wir nicht wissen. Wie können wir beim Navigieren ins Ungewisse solche kaum für möglich gehaltenen Ereignisse erkennen und einbeziehen? Einen Weg zeigen die »What if«-Fragen auf: »Was wäre, wenn?« Hier sind scheinbar absurde Möglichkeiten gefragt, die es ernst zu nehmen gilt.

Ein greifbares Unternehmensbeispiel für das Gelingen der »What if«-Fragemethode bietet der Pharmakonzern Moderna im Vorfeld der Pandemie, der sich als Erstes wirklich KI-getriebenes Unternehmen der Pharmaindustrie versteht.

Unternehmensbeispiel: Moderna entstand 2010 aus einem Venture Capital Fonds, der sich innovativen Unternehmensideen verschrieben hat, die aus der Wissenschaft kommen. Die Gründer von Moderna fragten sich, ob die gerade entwickelte mRNA-Methode, Stammzellen zu reprogrammieren, auch dahingehend genutzt werden könnte, dass Körper von Patienten selber biologische Medikamente produzieren, die als Antikörper gegen im Körper wütende Krankheiten wirken. Der menschliche Körper sozusagen als Kraftwerk zur Produktion wichtiger Antikörper über einen Stimulus von außen. Dahinter stand die Vision der Entwicklung neuartiger biotechnologischer Medikamente, die zielgenau und individualisiert schwere Krankheiten wie Krebs zu bekämpfen in der Lage sind.

Moderna versteht sich als Entwicklungsplattform, die an der Bekämpfung von mehreren Ausprägungen von Krankheiten arbeitet, und verfolgt die Vision eines »Truly digital biotech«-Unternehmens. Dies tat Moderna konsequent in fünf Schritten: Von 2012 bis 2014 wurden alle Geschäftsprozesse vereinheitlicht und dokumentiert. Bis 2016 wurden diese Prozesse digitalisiert. In der Folge wurden die Geschäftsprozesse mit Daten konstant angereichert. Bis 2020 wurden alle Standardprozesse automatisiert. Seit Gründung hatte Moderna Daten aus der Forschung und präklinischen Entwicklung so dokumentiert, dass sie genügend Masse für einen frühen Einsatz von künstlicher Intelligenz hatten, zum Beispiel um klassischerweise im Labor stattfindende präklinische Experimente früh durch intelligente, schnell selbst lernende Algorithmen zu ersetzen. Im Frühjahr 2020 waren auf diese Weise 20 algorithmusbasierte Lösungen in der Produktion und 20 in Entwicklung und Test im Einsatz. Als die Coronapandemie im Frühjahr 2020 ausbrach, war es für Moderna ein Leichtes, die mRNA voll digitalisiert auf die Bekämpfung des Coronavirus umzusteuern. Vom Fleck weg war Moderna in der Lage, die Produktion von mRNA-Impfstoffen hochzufahren. ■

Ausschlaggebend für den vorausblickenden Unternehmenserfolg von Moderna ist der Einsatz von »What if«-Fragen in den sogenannten Explorationsphasen in der Strategieentwicklung:

- »Was wäre, wenn mRNA als Medikament einsetzbar wäre?«
- »Was wäre, wenn lange und statische Laborversuche durch Menschen zur Ermittlung der passenden Verbindung von Molekülen zu einem Protein durch intelligente Maschinen ersetzt werden könnten?«
- »Was wäre, wenn wir nicht an einer Krankheit, sondern gleichzeitig an mehreren arbeiten würden, die dieselbe Ursache haben – und daraus Lehren für die Entwicklung der nächsten zögen?«

Der Exploration folgen Prototypen, die die Thesen in der Praxis ausprobieren, und im besten Fall frühe Ausgründungen von Firmen, die sich am Markt behaupten müssen.

»What if«-Fragen reichen weit in die Zukunft. Sie adressieren scheinbar unrealistische und überoptimistische Szenarien. Und sie suggerieren einen Zustand in der Zukunft und entwickeln retrospektiv Lösungen, um diesen Zustand zu erreichen. Insofern ist die Methode das Gegenteil von dem, wie vielfach Innovation gedacht wird, nämlich die inkrementelle Weiterentwicklung aus dem Status heraus. Und sie steht auch im Gegensatz zur Szenariotechnik, die vom gegenwärtigen Zustand als Ausgangspunkt für unterschiedliche Wege ausgeht. Die »What if«-Fragemethode stellt die wirkungsvollste Annäherung an die im Umbruch befindliche Welt dar.

PRIORISIEREN: STRATEGISCHE AMBITIONEN FORMULIEREN

Wie im ersten Unterkapitel gezeigt, sind Zeiten des Umbruchs nicht die Zeit für Fünfjahrespläne oder umfassende Zielbilder der Zukunft. Schritt 2 des Navikreislaufs lädt daher ein, eine begrenzte Anzahl strategischer Ambitionen zu erarbeiten, auf deren Erreichung sich das Unternehmen in den kommenden Jahren konzentriert, und für jede der priorisierten Ambitionen ein Ambitionsniveau zu definieren.

Die Bestandsaufnahme des Unternehmens und die Ergebnisse der »What if«-Fragemethode bilden die Grundlage für die Ambitionen. Sie dürfen gerne auch unerreichbar sein. Allein das Streben nach ihnen zeigt die Richtung, die wir zur Orientierung brauchen.

Unternehmensbeispiel: Nehmen wir das Unternehmensbeispiel eines international aufgestellten mittelständischen Maschinenbauers, der HiTech-Geräte herstellt und vertreibt. Angesichts zunehmend unsicherer Lieferketten, Verzögerungen in Logistikwegen von und nach China und in den letzten Jahren zunehmend gewachsener Produktvielfalt sollen wesentliche Pfeiler der Strategie neu ausgerichtet und auf das Unternehmen fokussiert werden.

In einer Serie von Workshops, in denen das Unternehmen den Navikreislauf durchläuft, entwickelt die Gruppe der wichtigsten Führungskräfte des Unternehmens fünf strategische Ambitionen, an denen das Unternehmen in den kommenden Jahren arbeiten wird:

1. Wir erhöhen signifikant unsere Wirksamkeit in den Wachstumsmärkten Nord- und Südamerikas sowie Asiens.

2. Wir steigern die Profitabilität in den bisherigen Hauptmärkten, in Europa und Deutschland, indem wir ...

3. ... den Bereich Serienprodukte zulasten von Einzellösungen ausbauen, diese weiter standardisieren und zugleich die Preisstrategie für komplexe und auf die Kundenbedürfnisse angepasste Einzellösungen anpassen.

4. Wir erhöhen die Profitabilität durch vereinheitlichte, vereinfachte, digitalisierte und automatisierte Prozesse in Produktion, Vertrieb und Administration.

5. Wir reduzieren Komplexität und Reibungsverluste in der gewachsenen Organisation und verstehen uns als eine Organisation, die standortunabhängig reibungslos zusammenarbeitet. ■

Ihr werdet euch vorstellen können, welche Diskussionen hinter diesen Festlegungen stehen. Unter anderem:

- Die schmerzhafte Entscheidung, welche Märkte das Unternehmen fortan nicht mehr bearbeiten wird.
- Die bittere Erkenntnis, dass die Produktionskosten in Deutschland und Europa international nicht mehr wettbewerbsfähig sind und deutlich günstigere Anbieter in China in puncto Qualität der deutschen Produktion nicht mehr nachstehen.
- Die ernüchternde Tatsache, dass das Produktportfolio eine Vielfalt angenommen hat, die nicht mehr beherrschbar ist.
- Die trockene Einsicht, dass die Wirtschaftlichkeit bei der Erfüllung spezifischer Wünsche lange eine zu geringe Rolle gespielt hat.
- Der faktische Umstand, dass das Unternehmen die Digitalisierung von Prozessen in den letzten zehn Jahren vernachlässigt hat.
- Der traurige Befund, dass das Unternehmen in Silos arbeitet, bei dem zum Beispiel der Vertrieb ohne Einbeziehung der Produktion dem Kunden Preise und Lieferzeiten verspricht, die nach Auftragsannahme nicht oder nicht zu diesen Konditionen ohne wirtschaftlichen Nachteil des Unternehmens umsetzbar sind.
- Und dass sich das Unternehmen in einer Matrix voneinander abhängiger Aufgaben und Kompetenzen verheddert hat, sodass die rechte Hand nicht mehr weiß, was die linke tut.

Schmerzhafte Auseinandersetzungen, die Trennungen mit sich bringen. Von überholten Prozessen, Werkzeugen und Vorgehensweisen. Vermutlich auch von Produkten, Produktbereichen oder sogar ganzen Geschäftsbereichen. Und in vielen Fällen auch von Menschen.

Über jedem Einzelnen steht das Unternehmensinteresse. Gerade die Lage des Unternehmens auf der S-Kurve lange jenseits des Scheitelpunkts fordert konsequente Schritte, die ausreichend radikal sind, also an die Wurzel der Probleme gehen.

INITIIEREN: INITIATIVEN ABLEITEN UND PRIORISIEREN

Wir nennen den dritten Schritt des Navikreislaufs »initiieren«, weil wir hier bereits die Umsetzung der Strategie beginnen. Hinter jeder strategischen Stoßrichtung stehen strategische Initiativen, die klare Verantwortlichkeiten und Zwischenziele haben.

Das Unternehmensbeispiel fortsetzend: Hinter der dritten strategischen Stoßrichtung stehen folgende strategische Initiativen:

- »Mit wenigen, starken Serienprodukten fokussiert die Märkte Europas durchdringen.« Das bedeutet die Abkehr von der bislang geübten Praxis der Ingenieure, die sich zu sehr mit individualisierten Einzellösungen befasst und damit Skalierbarkeit sowie Profitabilität aus den Augen verloren haben. Dem Produktionsbereich fehlt der Blick für die Wirtschaftlichkeit. Das Controlling ist nicht in den Produktionsbereich durchgedrungen.

- »Über eine Standardisierung von Serienprodukten die Profitabilität signifikant erhöhen.« Selbst die Serienprodukte verfügen über einen gewachsenen Komplexitätsgrad, dass die Margen latent minimal sind.

- »Preisstrategie grundsanieren.« Die Stärke des Unternehmens liegt in hochtechnologischen Einzellösungen, die die Ingenieure in enger Zusammenarbeit mit Kunden entwickelt haben. Ungeachtet des Fokus auf standardisierte Produkte soll diese Stärke beibehalten werden. Allerdings muss die Bepreisung solcher Einzellösungen nicht nur zum Aufwand passen, sondern im Hinblick auf den Wertbeitrag, den sie für die Kunden liefern, deutlich gesteigert werden.

Es sind Veränderungen im wirtschaftlichen Bewusstsein sowie Personal- und organisatorische Entscheidungen, die die Verantwortlichen des Beispielunternehmens in Umsetzung der strategischen Ambitionen zu vollziehen haben. Ein großer Transformationsprozess steht bevor. ■

IMPLEMENTIEREN: AKTIVITÄTEN ZUORDNEN

Hinter jeder strategischen Initiative steht ein Bündel von einzelnen Aufgaben, die in einem bestimmten zeitlichen Horizont zu erledigen sind, zum Beispiel innerhalb eines Jahres.

Die Aktivitäten sind idealerweise innerhalb der Teams des Unternehmens erarbeitet worden. Das Strategieteam hat die Aufgabe der Umsetzung an die verantwortlichen Führungskräfte weitergegeben. Die Führungskräfte sind bei der Entwicklung der Ambitionen und Initiativen dabei gewesen oder gut informiert, sodass sie in ihren jeweiligen Teams die in den Initiativen liegenden Aktivitäten gemeinsam mit ihren Mitarbeitern entwickeln können. Die Aktivitäten haben klare Verantwortlichkeiten und Zeitschienen. Auf diese Weise werden Mitarbeiter und Führungskräfte zu verantwortlichen Mitautoren des Umsetzungsplans.

In weiterer Fortsetzung des Unternehmensbeispiels: Die strategische Initiative »Über eine Standardisierung von Serienprodukten die Profitabilität signifikant erhöhen« beinhaltet unter anderem folgende Aktivitäten:

- »Aus dem bestehenden Produktportfolio wenige marktfähige Standardprodukte nach ihrem wirtschaftlichen Potenzial bewerten und herauslösen.«

- »Die ausgewählten Standardprodukte in möglichst wenige skalierbare Module unterteilen und einen Modulbaukasten verabschieden.«

- »Den Vertrieb von Standardprodukten über einen Konfigurator und End-to-end Prozesse von der Auftragsannahme über die Fertigung bis zur Auslieferung und Rechnungsstellung digitalisieren und automatisieren.«

- An der Umsetzung dieser Aktivitäten sind Ingenieure, Controller, IT-Kollegen und der Vertrieb beteiligt. ■

Mögliche Formate eines softwaregetriebenen Umsetzungsplans und Projektmanagement-Tools finden sich viele. Wichtig ist, dass die Instrumente über ihre Transparenz eine Verbindlichkeit bei der Abarbeitung schaffen. So sollte jeder an der Umsetzung beteiligte Kollege jederzeit einen Überblick über den Stand der Abarbeitung aller Initiativen und Aktivitäten haben.

Captain Kirk: »Lasst uns jeden Morgen für 30 Minuten auf der Brücke (›Situation Room‹) zusammenkommen. Hier laufen alle Informationen zum Status unserer Reise (›Information & Alarm‹, etwa KPI), über unser Wissen (›Memory‹, etwa wichtige Entscheidungen, Ressourcen), unser Bild des Umfeldes unseres Raumschiffs (›Planning & Simulation‹, etwa Trends, Technologie, Kunden, Politik) zusammen. Ergänzt wird dieser Aufbau durch einen flexiblen Bereich für Themen, die aktuell im Fokus liegen (›Attention Focus‹). Dadurch, dass wir persönlich zusammenkommen oder gegebenenfalls aus dem Maschinenraum live zugeschaltet sind, können wir auf Basis der Datenbank zügig und flexibel erforderliche Entscheidungen treffen.«

NACHHALTEN UND ANPASSEN: DER »CHALLENGE RADAR«

Nun folgt der wichtigste Teil für die Entwicklung und Umsetzung einer Strategie: Nachhalten und Anpassen. Und das laufend. Mit dem Challenge-Radar.

Challenger sind allseits respektierte Persönlichkeiten, deren Aufgabe es ist, den Entwicklungsprozess, das Ambitionsniveau der Strategie, die Entscheidungsfindung und die Umsetzungsgeschwindigkeit und -konsequenz kritisch zu begleiten und zu hinterfragen.

CHECK: INITIATIVEN NACHHALTEN UND ANPASSEN

- Nehmen wir die Kundenperspektive ausreichend ein oder sind wir zu sehr gefangen in der Binnensicht?
- Konzentrieren wir uns auf die wichtigsten strategischen Hebel? Oder verlieren wir uns im operativen Kleinklein und somit das Wesentliche aus dem Auge?
- Vermeiden wir Paralyse durch Analyse? Oder nutzen wir Analyse als Vorwand, keine Entscheidungen treffen zu müssen?
- Sind wir genügend unvoreingenommen? Oder nutzen wir den strategischen Prozess zur Verfestigung von bereits bestehenden Zielen?
- Haben wir die strategischen »NO-GOs« ausreichend im Blick?
- Genießt der Prozess die ausreichende und wichtige Akzeptanz der Organisation, sodass eine der wichtigsten Voraussetzungen für eine gelingende Umsetzung gegeben ist?

Um diese wichtige Aufgabe ausfüllen zu können, braucht es innere Unabhängigkeit. Die Challenger blicken auf das Unternehmen aus Sicht eines kritischen Kunden. Im besten Fall sind Challenger ein Interner und ein mit dem Unternehmen vertrauter und doch distanzierter Externer. Sie nehmen eine kritische Distanz ein, ohne sich in dieser Rolle zu gefallen und sich in Kritik als Selbstzweck zu verlieren. Sie üben konstruktive Kritik, die auch benennt, was besonders gut läuft. Sie fragen nach Feedback und sind bereit, sich selbst Kritik auszusetzen bereit sind.

Der nachfolgende Challenge Radar illustriert die Konstellation von Aufgaben, die der interne und der externe Challenger haben.

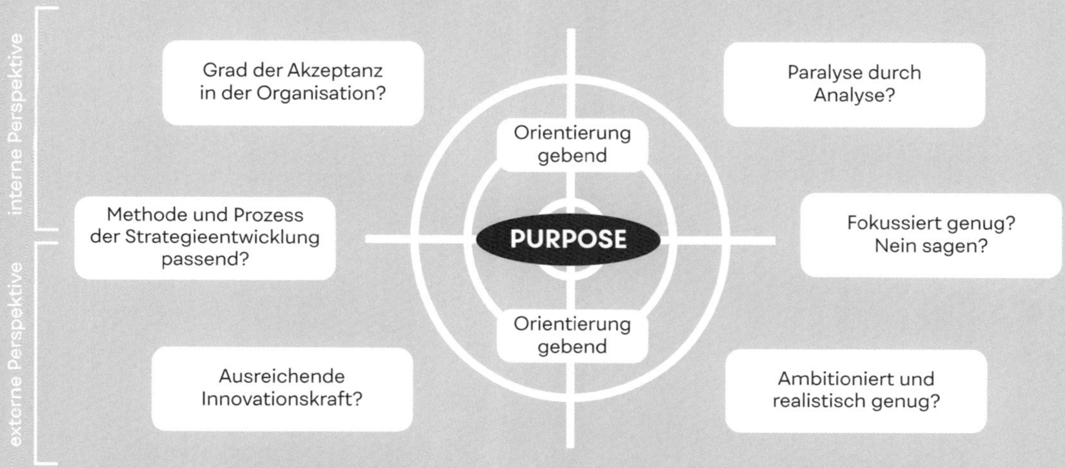

STRATEGIE ÜBERPRÜFEN

Keine Strategie ist in Stein gemeißelt, erst recht nicht in Zeiten großer Unsicherheit. Die Umsetzung braucht regelmäßig den Abgleich mit den zwischenzeitlich eingetretenen Marktentwicklungen, Verschiebungen von Lieferketten und äußeren Ereignissen, die euer Geschäft beeinflussen, wie Naturkatastrophen, geopolitische Ereignisse und makroökonomische Abwägungen. Daher folgt nach Schritt 4 des Navikreislaufs wieder Schritt 1. Regelmäßig nach erstmaligem Aufsetzen der Strategieentwicklung halbjährlich, sonst mindestens einmal im Jahr sollte das Strategieteam für anderthalb Tage zusammenkommen und sich fragen:

- Passen strategische Ambitionen und in deren Ableitung Initiativen und Aktivitäten noch zu den Entwicklungen im Markt?
- Oder müssen wir unsere Ausrichtungen in Nuancen oder in einzelnen Fragen anpassen? Wie und in welcher Hinsicht?

EXKURS: Projektorganisation

Commander Spock fragt in die Runde: »Wie halten wir die Fäden in der Hand? Wer hat welche Verantwortung im Umsetzungsprozess der Strategie?«

Captain Kirk: »Darauf haben wir eine klare Antwort – auf einen Blick.«

PLAY: PROJEKTORGANISATION UND ABLAUF DER STRATEGIETREFFEN

Projektorganisation in einer Strategieumsetzung

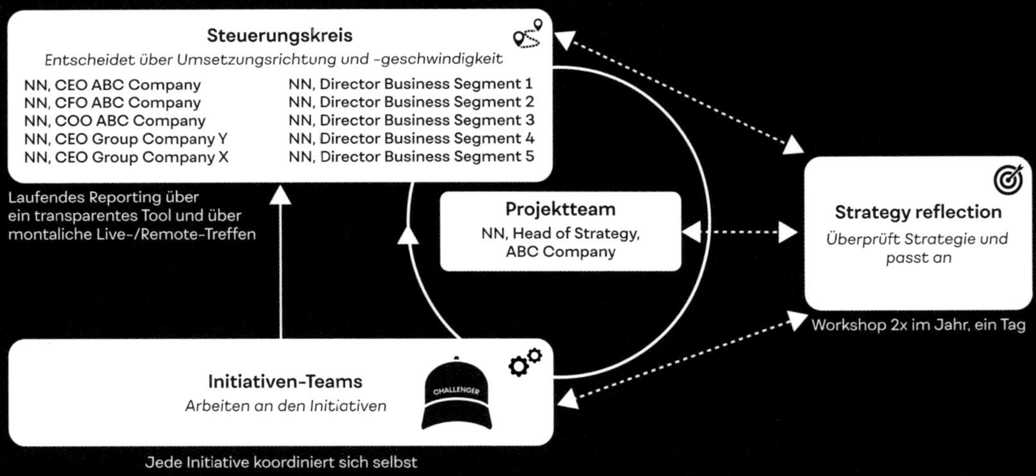

Zielsetzung und Ablauf der Regeltreffen

Steuerungskreis

Monatlicher Rhythmus

Leiter z.B. CEO

Dauer: ein Tag

Ziele und Inhalte

- Aufbauend auf dem Reporting Tool, präsentieren Challenger und jeder Initiativenverantwortliche knapp die jeweils wichtigsten drei Erfolge und Herausforderungen seit dem letzten Treffen
- Es folgt eine konzentrierte Diskussion im Plenum des Steuerungskreises ...
- ... und den Initiativenleiter unterstützende Empfehlungen oder Beschlüsse, die der Projektleiter Strategie protokolliert.

Teilnehmer

- Steuerungskreis
- Initiativenleiter
- Projektteam
- Ggf. Gäste

Strategie-Check

Zweimal jährlich

Leiter z.B. CEO

Dauer: ein Tag

Ziele und Inhalte

- Steuerungskreis, Initiativenleiter und das Projektteam überprüfen die Strategie: Sind wir noch auf Kurs? Passt der Kurs zu eingetretenen Marktveränderungen? Was sollten wir anpassen? Welche rioritäten setzen wir (neu)?
- Alle Beteiligten überprüfen die Zusammenarbeit, zum Beispiel über eine Retrospektive.

Teilnehmer

- Steuerungskreis
- Initiativenleiter
- Projektteam

TEILSTRATEGIEN ABLEITEN: DATENSTRATEGIE

Aus den strategischen Ambitionen und den dazugehörigen Ambitionsniveaus lassen sich Teilstrategien ableiten, die für den jeweiligen Bereich unserer Wertschöpfung Orientierung geben: zum Beispiel eine Vertriebs-, Produktions- oder eine Marketingstrategie.

Ein Beispiel für die Ableitung einer Teilstrategie ist eine Datenstrategie als Voraussetzung für die zielführende Nutzung von Daten. Auf dieser baut der Einsatz von KI zur Kosteneinsparung oder für neue Geschäftsmodelle auf. Traditionell werden Daten als ein Aspekt eines Technologieprojekts verstanden. De facto sind Daten aber Treiber des Geschäftsmodells der Zukunft und somit ein integraler Bestandteil einer Geschäftsstrategie.

Commander Spock: »Ich frage mich, welche Daten wir aus der Atmosphäre der Planeten, denen wir auf unserer Reise begegnen, sammeln. Zum Beispiel: Wassergehalt von Boden und Luft auf fremden Planeten, deren Topografie, dort lebende Völker, deren Sprache und sonstige relevante Beobachtungen. Aber relevant wofür? Und wie wollen wir die Daten so dokumentieren, dass sichergestellt ist, dass jeder zu jeder Zeit darauf zugreifen kann und wir wissen, wo wir was finden?«

Ihr kennt die Situation. Es laufen mehrere Projekte gleichzeitig im Unternehmen: die Entwicklung neuer Anwendungen, die Umsetzung neuer Berichtserfordernisse, Gestaltung von End-to-end-Prozessen vom Auftragseingang bis zur Auslieferung des Produkts an den Kunden und nachfolgende Serviceaktivitäten. All diese Projekte greifen auf Daten zurück oder produzieren neue Daten, die auf die Lösung der jeweiligen Fragestellung ausgerichtet, aber nicht untereinander verbunden sind, mithin Redundanzen beinhalten. Es gibt keinen Austausch über die genutzten Daten unter den einzelnen Projektinitiativen. Die Bezeichnungen der erhobenen Daten und eingerichteten Ordner sind nicht vereinheitlicht, sodass Wiedererkennung und Auffindbarkeit erschwert werden. Die meisten Teams können mit Geschäftsanforderungen, Geschäftsprozessen und Erfolgsmessungen umgehen. Die Übertragung dieser Anwendungen in Daten, die Genauigkeit, Zugriff, Nutzung und Wiederverwertung ermöglichen, ist vielen Unternehmen allerdings noch fremd.

Eine Datenstrategie definiert, wie ein Unternehmen passend zu seiner Größe, Branche und geschäftlichen Herausforderung seine Daten erfasst, speichert, zugreifbar macht, pflegt und nutzt. Eine Datenstrategie umfasst alle Unternehmensbereiche und bezieht diese ein. Zuvor aber steht die Frage, welche Daten für uns überhaupt relevant sind.

PLAY: DATENSTRATEGIE IN DREI SCHRITTEN

Erster Schritt: Voraussetzungen klären

- Welche Daten haben wir, welche sind relevant und wie ist es um unsere Datenqualität und unser Datenbewusstsein bestellt?

- Welche Daten haben wir von Kunden, Zulieferern, Mitarbeitern und Prozessen? Wo liegen Schätze für die Weiterentwicklung von Produkten und Services für unsere Kunden?

- Wie sehr ist in unserem Unternehmen das Bewusstsein für die Bedeutung von Daten für die Weiterentwicklung des Geschäftsmodells verankert? Der Computerhersteller Dell hat ein Vier-Stufen-Modell zur Klassifizierung der Datenreife eines Unternehmens entwickelt:

    - *Data aware:* Das Unternehmen verfügt nicht über standardisierte Berichtssysteme. Es gibt keine Integration von Systemen, Datenquellen und Datenbasis. Es gibt Ignoranz oder Misstrauen gegenüber Daten.

- *Data proficient:* Es gibt Skepsis gegenüber der Qualität der Daten. Eine Investition in eine Datenbank ist erfolgt. Und doch passt noch nicht alles zusammen.
- *Data savvy:* Wir treffen erste Geschäftsentscheidungen auf der Grundlage von Daten. Dennoch läuft der Datenfluss von IT zu den Geschäftsentscheidungen noch nicht reibungslos.
- *Data driven:* IT und Geschäftsbereiche arbeiten gut zusammen. Nachdem die Datengrundlage geschaffen ist, geht es nun darum, Daten zur Grundlage weiterer Geschäftsmodelle und dem gesamten inneren Betrieb des Unternehmens zu generieren.

- Was ist die passende Datenarchitektur für unser Unternehmen?
- Verankern wir eine dezentrale oder eine zentrale Datenarchitektur? Eine zentrale Datenarchitektur empfiehlt sich in einem kleineren, von der Datenvielfalt überschaubarem oder in einem Unternehmen, das in hochregulierten Branchen unterwegs ist, zum Beispiel Pharma und Lebensmittel. Daten sind an einer Stelle zentral gesammelt und verwaltet. Datenkontrolle, strikte Governance, Datensicherheit und einfachem Zugang für externe Auditoren kommen hier hohe Bedeutung zu.

In einem großen Unternehmen oder Konzern mit einer hohen Vielfalt an Daten an unterschiedlichen Stellen, in einer Branche, wo es auf Geschwindigkeit und positive Aggressivität ankommt, wie im E-Commerce und im Endkundengeschäft, ist eine dezentrale Struktur zielführend. Hier können Teams schnell entscheiden und eigenständig vorangehen. Leitplanken für den Umgang mit Daten und Governance werden breiter gesetzt.

- Wen machen wir verantwortlich für die Betreuung unserer Daten? Ein für die Daten unseres Unternehmens verantwortliches Kernteam setzt sich aus IT-, Digitalisierungs-, Datenanalyse-, Coding-

und Business-Intelligence-Kompetenz zusammen. Für den Erfolg entscheidend ist der ständige Austausch mit den für Unternehmensstrategie und Vertrieb verantwortlichen Kollegen.

Die Datenstrategie leitet sich aus der Unternehmensstrategie ab und hat als wichtigsten Parameter das bekannte und nicht bekannte Kundenbedürfnis. Zu oft begegnen uns Unternehmen, die exzellente Fachkompetenz im Kernteam haben, aber den ständigen Dialog mit den Unternehmensbereichen nicht pflegen. Das führt zu einer Abkoppelung der Datenthematik im Elfenbeinturm. Zwingt alle genannten Kompetenzen in ein cross-funktionales Team. Und macht dieses vollumfänglich verantwortlich für die Datenerfassung und -nutzbarkeit für alle Unternehmensbereiche.

Zweiter Schritt: Datengovernance im Unternehmen verankern

- Erfasst die Bedeutung von für euer Geschäftsmodell relevanten Daten und benennt sie nach einem einheitlichen Muster, zum Beispiel: Kundenname + Umsatz + Hauptprodukt oder -dienstleistung + Genese des Kontakts + Kontaktperson in unserem Unternehmen + Beschreibung des Themas, das diesen Kunden am meisten umtreibt. Setzt diesen einheitlichen Umgang mit Daten im Unternehmen durch.

- Legt eine Ordnerstruktur an, in die alle Mitarbeiter die Daten nach einem einheitlichen Muster auffindbar ablegen. Oder, wenn ihr euch für eine dezentrale Datenarchitektur entschieden habt, legt ein Portal an, das unterschiedliche Fundorte aggregiert und über eine Suchfunktion Treffer ermöglicht. Aus Nutzersicht darf es nur eine »Single source of Truth« geben.

- Erarbeitet eine Datenetikette, in der die vorgenannte Governance im Umgang mit Daten – also wie wir Daten identifizieren, erfassen, benennen, speichern, zugreifbar machen, nutzen und pflegen – für alle Mitglieder des Unternehmens verbindlich festgelegt wird.

- Automatisiert die Prozesse der Datengovernance so weit wie möglich. Das erhöht die Wahrscheinlichkeit, dass die Governance wirklich einheitlich befolgt wird.

Dritter Schritt: Datenstrategie laufend überprüfen und anpassen

Nichts ist in Stein gemeißelt, alles steht unter dem laufenden Zwang einer Überprüfung. Schon wenn ein Unternehmen schnell wächst, kann es erforderlich werden, von einer zentralen zu einer dezentralen Datenarchitektur zu wechseln. Weitere Symptome, die anzeigen, dass die Datenstrategie von Schritt 1 an der Überprüfung bedarf, sind: Zunehmende Frustration, dass alles so lange dauert, wird hörbar. Es häufen sich Klagen über die Qualität und Zugreifbarkeit von Daten. Eine praktikable Zeitspanne ist die Überprüfung alle sechs Monate.

TIPPS FÜR DEN WEG

PLANUNG AUF DAS MINIMAL NOTWENDIGE REDUZIEREN

Spock zu Kirk: »Captain, wir müssen den Kurs etwas ändern, unerwartete Turbulenzen von rechts.« »Verstanden. Irgendwelche Auswirkungen auf unsere Ankunftszeit auf dem nächsten Planeten?« »Nein, wir erhöhen etwas die Geschwindigkeit und kompensieren damit die längere Flugstrecke.« »Gut. So machen wir's.«

Wenn ihr einem dynamischen Strategieverständnis folgt, werdet ihr die gängige Planungspraxis infrage stellen. Denn sie versucht, in mühevoller Kleinarbeit das kommende Geschäftsjahr exakt abzubilden. In Planungsorgien werden für jedes Produkt und jede Kosten- und Ertragsart Zahlenkolonnen erstellt, mit denen wir ganze Büros tapezieren könnten. So entstehen Zahlenfriedhöfe, die niemanden weiterbringen. Die vorherrschende Haltung: Je genauer, desto besser, weil sicherer. Natürlich entpuppt sich dieses Vorgehen schon in Monat eins des neuen Geschäftsjahres als Scheingenauigkeit und -sicherheit. Dummerweise löst nun jede der unvermeidlichen Abweichungen von der Detailplanung neue Abstimmungsrunden und Rechtfertigungsrituale aus. So bleibt eines stabil: die Organisation im Zustand der Dauerlähmung und Beschäftigung mit sich selbst. Kein Kunde zahlt hierfür.

Ein Manager, mit dem wir lange zusammenarbeiten, stellvertretend für viele: »Unser Planungsprozess ist eine Farce und jeder weiß das. Er kostet uns unendlich viel Zeit, die wir für unsere Kunden bräuchten. In endlosen, langweiligen Meetings bearbeiten wir E-Mails und lassen uns anrufen, um wenigstens phasenweise rauszukommen. Wir lügen, dass sich die Balken biegen, denn wenn wir Zielwerte bewusst untertreiben, werden wir anschließend für deren Erfüllung belohnt.« Daher:

CHECK: PLANUNGSPROZESS KERNSANIEREN

- Schafft euren aktuellen Planungsprozess ab. Komplett streichen! Ansonsten werden dessen Wesensmerkmale wie aggressives Unkraut immer wieder durchkommen.
- Kehrt die bisherige Haltung ins Gegenteil: Was brauchen wir *minimal* an Planung?
- Dabei jeden Planungsschritt nur vom Kunden denken.
- Planung mit Strategie verknüpfen: In welchen Schwerpunktthemen wollen wir unsere knappen Ressourcen (Zeit, Geld, Managementaufmerksamkeit) primär investieren?
- Unseren Mitarbeitenden selbstverantwortliches Denken und Handeln in einem Umfeld mit psychologischer Sicherheit zutrauen (darauf kommen wir noch zu sprechen).

- Kostenbewusstsein stärken, statt durch detaillierte Budgetierung zu gängeln.
- Unmittelbar damit verbunden: Transparenz schaffen, statt den Zugang zu relevanten Informationen kompliziert hierarchisch zu begrenzen.
- Und ja: Für die wesentlichen Teile des Geschäftes (in der Regel abgebildet in Geschäftsbereichen) Erwartungen im Sinne eines Ambitionsniveaus formulieren. Inhaltlich gehaltvoll statt scheingenau.

ZIELKONFLIKTE NAVIGIEREN

Auf der geänderten Route wendet sich Spock nochmals an Captain Kirk: »Wir nähern uns einem unbekannten Stern. Unser Ortungssystem signalisiert, dass hier wertvolle Ressourcen gelagert sein könnten. Dort soll es auch Wasser geben, das wir dringend zum Auffüllen brauchen. Gleichzeitig haben wir nur ein kurzes Zeitfenster, um den Stern zu betreten. Wir haben nämlich einen Gas- und Staubnebel geortet, der langsam, aber sicher auf uns zutreibt und uns mit unabsehbaren Folgen einhüllen kann. Was sollen wir tun?«

Jede Strategieentwicklung wirft Zielkonflikte, Paradoxien und Dilemmata auf. Solcher Art Spannungen, widerstreitende Ziele, Anforderungen, Interessen und Sichtweisen sind natürlich, unvermeidlich, produktiv und weiterführend. Weil sie Lösungsräume und neue kreative Ansätze in sich tragen.

Unternehmensbeispiel: ein Hersteller von Accessoires im Kosmetikbereich. Der Markenartikler produziert in Europa, China und den USA und vertreibt die Produkte neben einer starken Dachmarke unter Eigenmarken und Tochtermarken in den verschiedenen Märkten.

Während des neuen Strategieentwicklungszyklus tun sich grundlegende, einander widerstreitende Richtungsentscheidungen auf: Wollen wir uns auf die Durchdringung der bestehenden Märkte konzentrieren oder wollen wir global präsent sein? Wollen wir die Märkte mit einer Marke penetrieren oder verstehen wir uns als »House of Brands«? Wollen wir Eigenmarken stärken oder wollen wir die bestehenden Marken ausbauen? Wollen wir uns auf Stahlprodukte fokussieren oder daran anschließende Lösungen in unser Produktportfolio aufnehmen, zum Beispiel Schönheitswerkzeuge aus Plastik oder Silikon? ■

Fünf Schritte helfen beim Navigieren mit Zielkonflikten und in paradoxen Entscheidungssituationen:

PLAY: ZIELKONFLIKTE NAVIGIEREN LERNEN

Bei diesem Vorgehen orientieren wir uns an eigener Methodik und am »Polarity map concept« von Barry Johnson, das Smith und Lewis aufgenommen und weitergeführt haben. Wie ein Kompass leitet uns der Unternehmenszweck, an dem wir uns in den einzelnen Schritten beim Navigieren mit Zielkonflikten orientieren können.

1. **ENTSCHEIDUNGSPOLE AUFSCHREIBEN.** Beschreibt die Zielkonflikte in neutraler oder positiver Sprache auf einem Entscheidungsstrang. Im Fall des Unternehmensbeispiels: Bestehende Märkte tiefer durchdringen oder neue erschließen? Dachmarke stärken oder Eigenmarken ausbauen? Diversifizieren innerhalb der Kategorie Stahl oder in andere Materialien gehen?

2. **ENTSCHEIDUNGSPOLE ANALYSIEREN.** Schreibt die Vor- und Nachteile an die Pole des Entscheidungsstrangs. Identifiziert die jeweiligen Chancen und Risiken. Im Fall des Unternehmensbeispiels: Fokussieren wir uns auf ausgewählte Märkte oder internationalisieren wir in der Breite? Bleiben wir bei zwei Marken oder werden wir ein Markenhaus? Wollen wir die Marken stärken oder die Eigenmarken unserer Kunden, die wir beliefern? Wollen wir nur bei Stahlgeräten bleiben oder auch angrenzende Innovationen für den Markt erschließen?

Hinterlegt die Pole mit vorhandenen Erkenntnissen und Daten aus dem Unternehmen für den Markt. Stellt den erwartbaren Ertrag dem Aufwand gegenüber, den es bedeuten würde, den einen oder anderen Pol weiter zu verfolgen oder aufzugeben. Findet eine neutrale Sprache für die Beschreibung der Begebenheiten, sodass ihr nicht Entscheidungen vorwegnehmt.

3. Vor- und Nachteile, Chancen und Risiken **ABWÄGEN**. Bewertet die Chancen und Risiken an den jeweiligen Polen, indem jeder Teilnehmer zunächst für sich ein individuelles Rating für die Chancen und Risiken, Vor- und Nachteile anlegt. Dann teilt ihr das Rating in der Gruppe und versucht, ein gemeinsames Verständnis zu den bislang erarbeiteten Positionen zu entwickeln. Lernt gegenseitig von den Gedanken der Kollegen. Unvoreingenommen, das heißt ohne zu bewerten und ohne bereits eine Entscheidung vorwegnehmen zu müssen.

4. Aus der Abwägung **SCHLÜSSE ZIEHEN**. Strategische Entscheidungen sind selten eine Wahl zwischen Schwarz und Weiß. Bei Abwägungsentscheidungen ins Ungewisse gibt es auch selten Falsch oder Richtig. Dieser Tatsache versucht dieser wichtige Verfahrensschritt Rechnung zu tragen. Hierzu helfen folgende Fragen, die ihr an die beiden Pole einer jeden Entscheidungsachse anlegt:

Pol A:

- Was wären positive Ergebnisse, wenn ihr euch auf Pol A konzentrieren würdet? Wie können wir diese positiven Effekte sicherstellen und beibehalten?

- Was passiert, wenn wir uns überfokussieren auf Pol A zulasten des Pols B? An welchen messbaren Faktoren erkennen wir, dass wir Gefahr laufen, in die in Schritt 2 identifizierten Nachteile des Pols A abzudriften?

Pol B: analog

1. Ziel dieses Vorgehensschritts ist, die **VORTEILE** des jeweiligen Pols **STARKZUMACHEN** und die Nachteile zu minimieren. Denkt auch daran, die Auswirkungen der Vor- und Nachteile auf die Pole anderer Ziele zu berücksichtigen.

2. Einen **HANDLUNGSPLAN** entwickeln. Dieser sollte neben konkreten Aussagen zu »Wer macht was bis wann?« Antworten auf folgende Fragen berücksichtigen: Was tun wir, um die Vorteile und Chancen des jeweiligen Pols sicherzustellen? Was, um die Nachteile zu minimieren?

»MAKE-OR-BUY«-ENTSCHEIDUNGEN TREFFEN

Eine der wichtigsten und immer wieder neu abzuwägenden strategischen Entscheidungen ist die Frage, welche Elemente unserer Kundenlösungen wir selbst produzieren oder leisten und welche wir extern zukaufen.

Gerade jetzt stellen sich viele Familienunternehmen mit angestammten Produktionsstandorten die Frage, ob diese Standorte langfristig wettbewerbsfähig bleiben. Und beantworten die Frage gelegentlich mit: »Koste es, was es wolle«, weil die Tradition des Unternehmens an diesem Standort hängt. Auch erhalten Make-or-Buy-Entscheidungen in Zeiten von aufkommenden Handelskriegen eine große Relevanz durch die Fragen nach Sicherheit und Verlässlichkeit von Lieferketten. Oft werden Make-or-Buy-Entscheidungen intuitiv getroffen. Todd Zenger zeigt in seinem Master of Business Creation Course, wie sich Make-or-Buy-Entscheidungen systematisch treffen lassen.

Unternehmensbeispiele: Make-or-Buy-Entscheidungen

Der Sportartikelhersteller **NIKE** ist ein Beispiel für einen sehr hohen Anteil von Zukauf. NIKE konzentriert sich auf Produktdesign, Marketing und Öffentlichkeitsarbeit, Sponsorships mit Sportlern und Marktforschung. Alle anderen Aktivitäten der Wertschöpfungskette wie Produktion, Logistik und Verkauf im Einzelhandel sind ausgelagert. Der Grund für diese Entscheidung: Das Unternehmen sieht in der Marke den wesentlichen Werttreiber, behält diesen Aspekt der Wertschöpfung unter strikter Kontrolle und wahrt sich die Flexibilität, Zulieferer passend zu seinen Bedürfnissen rasch auszutauschen.

Der Reifenhersteller **BRIDGESTONE** ist dagegen konsequent vertikal integriert und macht fast alles selbst: Reifendesign, Vertrieb und Service über 2200 Franchisenehmer, Produktion, Logistik, Herstellung des Kautschuks in Liberia und Marketing. Auf diese Weise möchte das Unternehmen unabhängig von schwer zu kontrollierenden Zulieferern und von sich verändernden Lieferketten sein.

Die Textilmarke **ZARA** ist bekannt für extrem schnellen Wechsel des Kleidungssortiments in den Läden. Im Herzen dieser hohen Umdrehungszahl steht das Produktions- und Verteilungszentrum »The Cube« im Norden Spaniens, in dem alle Rohstoffe für die Produktion ankommen und über unterirdische Zugstrecken mit zumeist eigenen Produktionsstätten in der Umgebung verbunden sind. Hier werden im Vergleich zum Wettbewerb kleine Losgrößen durch Dritte produziert und über ein eigenes Logistikzentrum in die vom Unternehmen betriebenen 6000 Läden weltweit in Eigenregie verteilt.

Als **IBM** 1981 in den Markt für PCs einsteigt, wählt es eine offene Architektur zur Herstellung der Soft- und Hardwareelemente der Produkte.

So wurde der Mikroprozessor von Intel und das Betriebssystem von Microsoft gestellt. IBM selbst fokussierte sich auf den Zusammenbau und das Marketing der Produkte. IBM dominierte den PC-Markt anfänglich, bis die beteiligten Zulieferer mit dem gewonnenen Wissen begannen, selbst zu produzieren. Da IBM die Kontrolle über zentrale wertschöpfende und differenzierende Leistungen verloren hatte, hatte es das Nachsehen und schied aus dem PC-Markt aus. ■

Das IBM-Beispiel zeigt, dass ein wichtiger Parameter für Make-or-Buy-Entscheidungen die strategische Frage ist, welche Art von Kontrolle für das eigene Geschäftsmodell erfolgsentscheidend ist. Welche Elemente unseres Geschäftsmodells implizieren eine niedrige und welche eine hohe Komplexität in der Transaktion mit anderen? Komplexität im Sinne eines hohen oder niedrigeren Grades an Spezialisierung, Wissensaustausch mit anderen und Koordinierungserfordernissen. Ein Lackmustest ist: Wie einfach kann ich einen Vertrag mit einem fiktiven Vertragspartner erstellen, der mir die Aktivität zuführen soll? Je höher der Komplexitätsgrad ist, desto eher könnte die Kontrolle über die Prozesse sinnvoll sein.

Entlang von vier Schritten lässt sich ein Make-or-Buy-Entscheidungsprozess führen:

PLAY: MAKE-OR-BUY-ENTSCHEIDUNGEN TREFFEN

- Schritt 1: Definiert die **SCHLÜSSELAKTIVITÄTEN** eures Geschäftsmodells: Welche Aktivitäten unternehmen wir? Wie sind diese Aktivitäten miteinander verbunden? Wie müssen sie verändert werden?

  Beispiel: Ihr wollt handgemachte Seife herstellen und vertreiben. Dazu müsst ihr a) die erforderlichen Rohstoffe beziehen, also Fette, Laugen und Duftstoffe, b) die Seifen herstellen, c) ansprechende Verpackungen designen und herstellen, c) durch Vertriebs- und

Marketingaktivitäten auf die Produkte aufmerksam machen,
d) Preise und Kosten zu einem Erlösmodell zusammenführen.

- Schritt 2: Bestimmt, was ihr besser **HINZUKAUFT** und wo ihr **KOOPERIERT**. Fragt euch: Welche der Schlüsselaktivitäten leisten bereits jetzt andere in Kosten und Qualität besser als ihr? Wenn diese einfach zu beziehen sind, solltet ihr sie hinzukaufen.

  In unserem Beispiel kann die Herstellung einer individualisierten Verpackung über entsprechende Onlineplattformen wie www.packex.com der effektivste und effizienteste Weg sein, um zum Ergebnis der Schlüsselaktivität Verpackung zu kommen.

- Schritt 3: Bestimmt, was ihr **SELBST MACHT**. Wenn der für das Geschäft erforderliche Spezialisierungsgrad, mithin der Abstimmungsaufwand mit einem möglichen Partner oder Zulieferer sehr hoch sind, ist es sinnvoll, diese Schlüsselaktivität selber zu übernehmen. Auch birgt der mit einer Partnerschaft einhergehende erforderliche Wissenstransfer wie im IBM-Beispiel die Gefahr, dass ein Partner das Geschäft in Eigenregie übernimmt.

  In unserem Beispiel: Duftnote und Konsistenz eurer hausgemachten Seifen sind das entscheidende Differenzierungsmerkmal zu vergleichbaren Produkten. Ausschlaggebend ist die passende Dosierung zwischen Laugen, Fetten und Duftstoffen. Der Aufwand, dies anderen zu erläutern, ist zu hoch und für das Alleinstellungsmerkmal eures Geschäftes zu entscheidend, als dass ihr die Herstellung der Seifen anderen überlassen solltet.

- Schritt 4: Da sich der Markt und die Wettbewerber in ständiger Bewegung befinden, sollte die einmal getroffene Make-or-Buy-Entscheidung regelmäßig **ÜBERPRÜFT** werden.

  In unserem Beispiel: Nachdem ihr euch im Markt platziert habt, kann ein Wettbewerber in eine ähnliche Nische vorstoßen und es angeraten sein, sich zusammenzuschließen, um gemeinsam noch größere Marktpenetration zu erreichen.

ESSENTIALS FÜRS LOGBUCH

Captain Kirk: »Alle Mann auf die Brücke! Lasst uns ein Fazit ziehen: Wie navigieren wir ins Unbekannte? Welche Methoden wenden wir an, um uns voranzutasten in neue Galaxien?«

- **Ein gemeinsames Verständnis der Grundlagen schaffen:**
  - **Haltung einnehmen: keine Vorfestlegungen, sondern Offenheit und Unvoreingenommenheit zeigen;**
  - **Stärken und Schwächen, Chancen und Risiken grob definieren;**
  - **Klarheit über den Unternehmenszweck (Purpose) schaffen und diesen immer vor Augen haben.**
- **Strategische Ambitionen priorisieren und dafür Ambitionen entwickeln:**
  - **mit »What if«-Fragen den Gestaltungsraum abmessen;**
  - **eine Handvoll schier unerreichbarer und doch nicht unrealistischer Ambitionen formulieren;**
  - **zu deren Umsetzung Initiativen, deren Inhalte, Zeiträume und Verantwortlichkeiten benennen.**
- **Orientierung aus der Strategie ableiten und Hürden meistern:**
  - **Teilstrategien wie eine Datenstrategie ableiten.**
  - **Widerständen gegen Veränderung auf den Grund gehen, sie hör- und sichtbar hinterfragen und sie für alle transparent machen;**
  - **mit Zielkonflikten navigieren lernen. Bei Entscheidungen im Ungewissen gibt es nicht Falsch oder Richtig, sondern nur Abwägungen. Ein Beispiel dafür sind Make-or-Buy-Entscheidungen.**

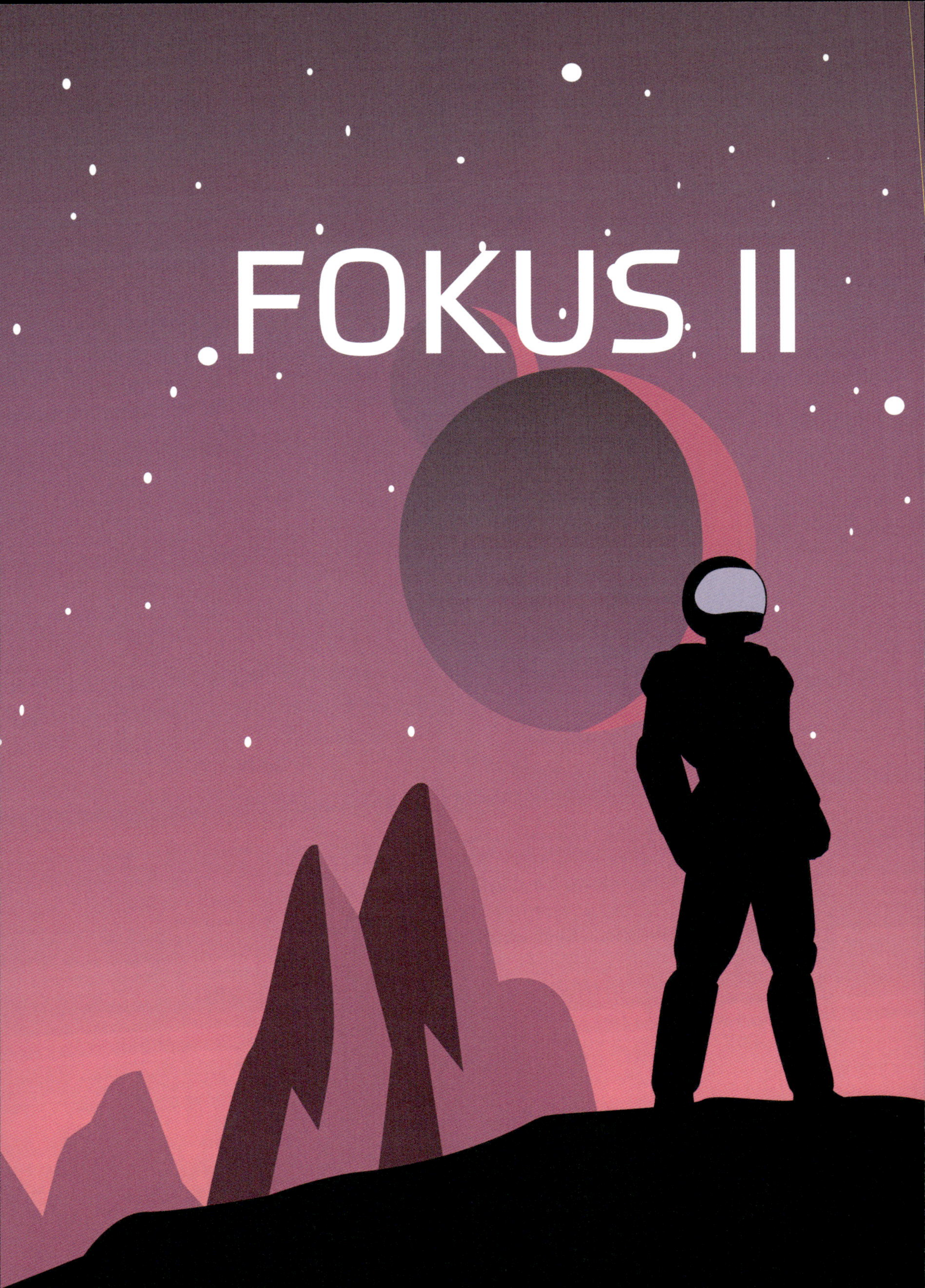
FOKUS II

ORGA-NISATION

DIE CREW FORMIERT SICH

Die Stimmung auf der Brücke ist prächtig. Die Vorfreude auf die nächste Reiseetappe ist groß. Während die Crew mit letzten Wartungsarbeiten beschäftigt ist, sind die Gesichtszüge der Kommunikationsoffizierin Leutnant Uhura ernst. Unerwartet wendet sie sich dem Captain zu:

»Captain, die neue Strategie ist mir klar. Die Navigationsparameter sind bereits im System und wir haben Klarheit, wohin wir und wohin wir nicht fliegen werden. Auch Plan B steht. Was mir nicht klar ist: Wie schaffen wir den Spagat zwischen klarer Struktur und Verantwortlichkeiten sowie dynamischer Anpassungsfähigkeit, den uns die Reise ins Unbekannte abverlangen wird?«

Überraschtes Schweigen. Captain Kirk: »Danke, Leutnant Uhura. Crew, zur Lagebesprechung!«

DIE ORGANISATION: EIN ORGANISMUS

Eine Organisation ist kein Selbstzweck. Das wird oft übersehen. Unendlich lange können wir diskutieren, wer wem berichtet, wer welchen Titel auf der Visitenkarte trägt und wann wer mit welchem Titel in welches Gehaltsband aufsteigt. Für diese Selbstbeschäftigung zahlt kein Kunde.

> **»*Eine Organisation ist ein Hilfskonstrukt, das euch unterstützt, eure strategischen Ziele zu erreichen.*«**

So gesehen bildet die Organisation eine Brücke zwischen Strategie und Strategieumsetzung.

»Balance zwischen klarer Struktur und Verantwortlichkeiten sowie dynamischer Anpassungsfähigkeit einer Organisation.« Leutnant Uhura spricht eine Anforderung an, die im scharfen Kontrast zum herkömmlichen Verständnis einer Organisation steht, das sich im klassischen Organigramm spiegelt: als Pyramide. Der Chef oben. Funktionen in Kästchen gegliedert, linear angeordnet von oben nach unten, die über feste Berichtslinien verbunden sind. Jede Abteilung hat einen klar zugewiesenen, von den anderen Abteilungen abgegrenzten Aufgabenbereich. Aufgaben sind klar zugeschnitten. Daher ist von Schnittstellen die Rede.

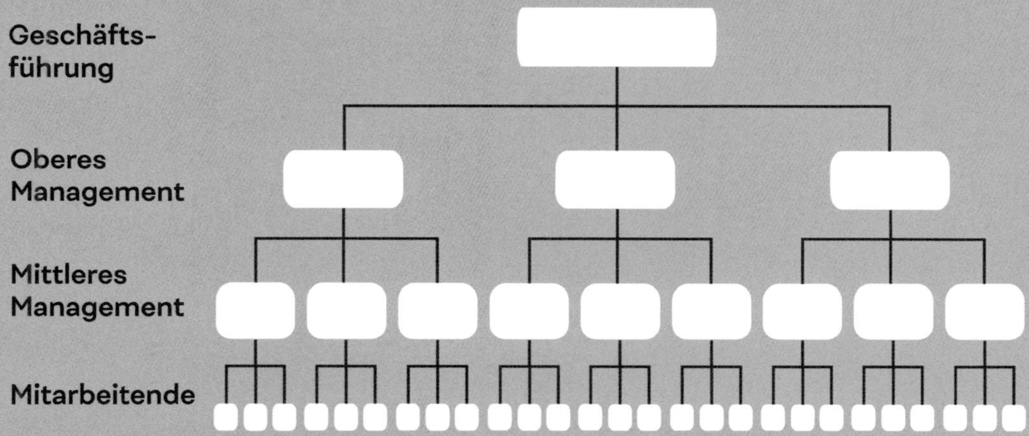

Dieses Verständnis einer Organisation stammt aus dem Beginn des Industriezeitalters. Einer Zeit, in der der amerikanische Eisenbahnpionier Frederick Winslow Taylor ein Unternehmen als Maschine verstand, in der jeder Aufgabenbereich mit anderen wie Zahnräder verzahnt war und jeder Arbeitsschritt jedes Arbeiters kontrolliert wurde. Sein Werk »The Principles of Scientific Management« aus dem Jahr 1911 wurde zu einem der einflussreichsten Managementbücher des 20. Jahrhunderts. Sein Verständnis passte in die Zeit der Massenproduktion am Band und hat der Menschheit enorme Produktivitätsfortschritte und Wohlstandswachstum beschert. In einer solchen Organisation spricht man von Zuständigkeiten, Stellenprofilen und Funktionsbeschreibungen.

Über 100 Jahre später passt dieses Verständnis einer Organisation nicht mehr in die Zeit. Weil sich die Art verändert hat, wie wir kommunizieren, in cross-funktionalen Teams über Standorte hinweg in Projekten zusammenarbeiten oder Entscheidungen treffen und produzieren. Unsere Produkte und Lösungen sind immer weniger standardisierte Massenware, sondern immer mehr individualisiert. Das Organigramm hat ausgedient.

Da sich, wie im ersten Kapitel gesehen, eine Strategie laufend verändert, muss sich zwangsläufig auch die Organisation an die Strategie anpassen und laufend verändern. »Structure follows strategy«, wie es Alfred J. Chandler 1962 und damit ungefähr zu dem Zeitpunkt formulierte, als sich der Mensch erstmals aufmachte, in einer Rakete unseren Planeten zu verlassen, gilt nach wie vor.

Unternehmensbeispiel: Der mittelständische Maschinen- und Anlagenbauer in Familieneigentum versteht sich als Qualitätsführer. Durch starke Innovationskraft sowie einen herausragenden Kundenservice ist das Unternehmen in der Lage, sich auch preislich im Premiumsegment zu positionieren.

Allerdings erodiert die Innovationsstärke in einem schleichenden Prozess immer stärker. Zusätzlich zeigen die verfügbaren Daten in der Kategorie »Time to Market« ein düsteres Bild. Langjährige Kunden beginnen sich nach alternativen, innovativeren Zulieferern umzusehen. Der seit einem Jahr amtierende CEO fragt im erweiterten Führungskreis: »Wann haben wir eigentlich die letzte Innovation in den Markt gebracht?« Die Antworten variieren zwischen zehn und 25 Jahren.

Die nachfolgende Analyse bringt verschiedene Ursachen für den fortschreitenden Verlust der Innovationskraft hervor. Der wichtigste: Kapazitäten für Produktinnovationen werden seit Jahren und immer wieder von Sonderanforderungen »aufgefressen«, die Kunden an das Unternehmen stellen und die in Projekten bearbeitet werden. Das Dringende schlägt das Wichtige.

Ein wesentlicher Pfeiler der neu entwickelten Strategie stellt fest: »Unsere Innovationsstärke zurückgewinnen und ›time to market‹ radikal in allen Segmenten reduzieren«. Um diese strategische Ambition zu unterstützen, und angesichts der genannten Defizite, entscheidet sich der CEO zu einer Organisationsveränderung. Er bündelt die produktbezogenen Aufgaben in einem eigenen Organisationsbereich und stellt für dessen Führung einen CTO ein. Auf diese Weise lenkt er den Fokus der Produktteams auf Innovation. ■

Organisationen sind kein starres Gebilde, kein Ding, nicht unabhängig oder unveränderlich. Organisationen geben der Kommunikation und Zusammenarbeit Struktur und schaffen Klarheit in den Verantwortlichkeiten. Zugleich sind sie soziale, lebendige Gebilde. Wie Organismen, die sich ständig verändern und doch eine Struktur haben.

In diesem Kapitel fragen wir uns, wie wir bestehende Organisationen in dynamische Organismen transformieren können. Wir schlagen ein alternatives Modell zu starren Prozesslandschaften vor, das Abläufe in einem Unternehmen klar und ständig in Bewegung hält. Wir stellen euch eine Idee vor, wie wir diesen Organismus in einer Alternative zum Organigramm unternehmensintern transparent machen und im Dynamogramm™ ein neues Bild für Organisationen finden.

DIE CREW FORMIEREN: ZIELORGANISATION ENTWICKELN

»Kommunikator: Öffne das Handbuch der Sternenflotte und bringe das Standardverfahren auf den Schirm, mit dem wir uns für die anstehenden Aufgaben gut aufstellen können!« Captain Kirk spricht mit fester Stimme. Kurze Zeit später erscheint ein Hologramm: »Faszinierend«, hört man Mr. Spock murmeln.

Eine grundlegende Neustrukturierung eines Unternehmens stellt einen tiefen Eingriff in Organisation und Kultur dar, die gründlich durchdacht sein sollte. Ihr habt nur einen Schuss frei. Denn jede größere Panne beim Umsetzen – wir reden nicht von inkrementellen Verbesserungen und laufenden Anpassungen – erzeugt einen Verlust von Glaubwürdigkeit, der schwer aufzuholen ist. Ihr solltet deshalb nicht dem Glauben verfallen, dass alles besser würde, weil ihr eine neue Struktur implementiert.

Wir legen euch ans Herz, die Organisation auf der grünen Wiese neu zu denken und im nächsten Schritt die daraus entstandene These mit dem Status der Organisation abzugleichen. Von der bestehenden Organisation auszugehen und sie weiterzuentwickeln, führt zwangsläufig dazu, dass wir uns in der Rechtfertigung des Bestehenden verlieren. Erst die komplette Loslösung vom Status quo verleiht uns die Unvoreingenommenheit, die wir brauchen, um die Organisation weiterzuentwickeln.

Bei der Entwicklung des Konzepts der neuen Organisation könnt ihr diesem Bauplan folgen:

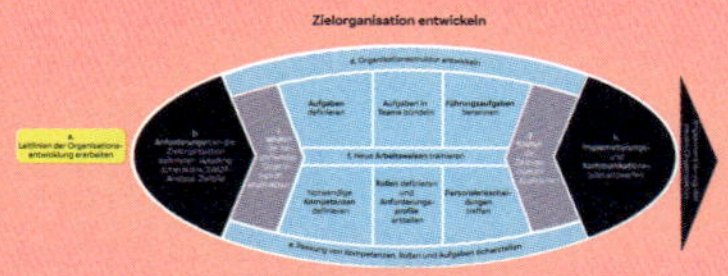

LEITLINIEN DER ORGANISATIONS-ENTWICKLUNG ERARBEITEN

Um eine Organisation im Sinne der Strategie konzipieren zu können, ist es wichtig, sich zu Beginn des Prozesses auf Leitlinien zu verständigen. Sie beschreiben, was wir uns bei der Organisationsentwicklung zu beachten vornehmen. Sie greifen Fallen auf, in die wir hineintappen, wenn wir über eine Organisation nachdenken. Zum Beispiel neigen wir dazu, Organisationen um bestehende Personen herumzubauen, weil es uns schwerfällt, uns aus dem Status quo zu lösen. Oder wir verlieren den Kunden aus den Augen, um den es eigentlich geht, und verlieren uns in der Beschäftigung mit uns selbst. Oder wir denken nicht radikal genug neu, weg von bestehenden Strukturen.

Beispiel für Leitlinien der Organisationsentwicklung:

- Wir denken die Organisation als Ganzes und vom Kunden her.
- Wir bauen die Organisation nicht um bestehende Personen herum.
- Keine heiligen Kühe. Wir denken ohne Grenzen.
- Eigenverantwortung vor Kontrolle. Wir minimieren Kontrollaufgaben.
- So schlank und effizient wie möglich. Aufgaben gruppenweit möglichst nur ein Mal.
- Wir verlieren uns nicht im Detail oder hängen uns an Ausnahmefällen auf.

Damit die Leitlinien wirksam sind, könnt ihr sie gemeinsam mit allen an der Organisationsentwicklung beteiligten Kollegen zu Beginn des ersten Workshops erarbeiten.

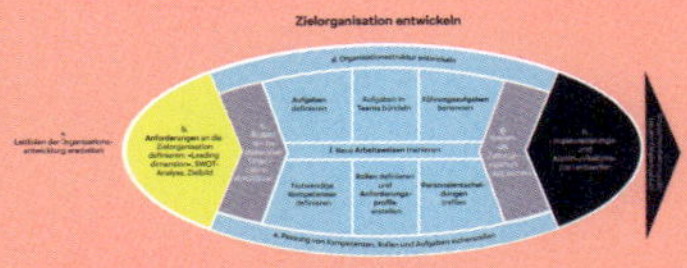

ANFORDERUNGEN AN DIE ZIELORGANISATION DEFINIEREN

Die Anforderungen an die neue Organisation ergeben sich aus drei Elementen:

ERSTENS: Aus der **LEITGEBENDEN DIMENSION** (»Leading Dimension«) der Zielorganisation, die sich aus der Unternehmensstrategie ableitet. Dazu noch einmal das Unternehmensbeispiel des Produzenten von Hightechgeräten aus Kapitel 1:

Unternehmensbeispiel: Hinter der ersten (»Wir erhöhen signifikant unsere Wirksamkeit in den Wachstumsmärkten Nord- und Südamerikas sowie Asiens«) und der fünften strategischen Ambition (»Wir reduzieren Komplexität und Reibungsverluste in der Organisation und verstehen uns als eine Organisation, die standortunabhängig reibungslos zusammenarbeitet«) stehen unter anderem folgende strategische Initiativen:

- *»Vertriebs- und Serviceverantwortung in den Regionen und deren Eigenständigkeit stärken.«* Das bedeutet die Abkehr von der bislang geübten Praxis, dass die Zentrale tiefoperativ vorgibt, welche Kunden die Regionen annehmen, wie sie im Markt auftreten und unter welchen Konditionen sie Produkte und Dienstleistungen annehmen.

- *»Regionen ertüchtigen, indem wir dort Kompetenzen angemessen aufbauen oder austauschen.«* Wegen starker zentraler Vorgaben sind die Regionen nicht geübt darin, selbst Verantwortung zu übernehmen. Das muss sich ändern.

- *»Zusammenspiel zwischen zentraler Unterstützung und Steuerung und dezentraler Verantwortung organisieren.«* Selbstverständnis, Rollen und Aufgaben im Zusammenspiel zwischen dezentraler Eigenverantwortung und einer Zentrale, die finanzielle und wirtschaftliche Leitplanken vorgibt, müssen neu austariert und umgesetzt werden.

Es sind vor allem Personalentscheidungen und organisatorische Veränderungen, die die Verantwortlichen des Beispielunternehmens in der Umsetzung der strategischen Ambitionen zu vollziehen haben. Ein großer organisatorischer Transformationsprozess steht an. ■

Die Geschäftsmodelle der meisten Unternehmen tragen mehrere organisatorische Dimensionen in sich:

- Kundenzielgruppen geordnet (zum Beispiel nach Branchen oder nach Regionen),

- Kategorien von Produkten und Services oder

- Funktionen in der unterstützenden Organisation (wie Vertrieb, HR, Controlling, Administration etc.).

Da sich diese Dimensionen gegenseitig brauchen und einander bedingen, arbeiten zahlreiche Unternehmen in einer **MATRIXORGANISATION**. Das ist unvermeidlich. Allerdings wirft eine Matrixorganisation wiederkehrende Fragen für Mitarbeiter und Führungskräfte auf: Wer ist mein Chef? Muss ich auf meinen disziplinarischen oder meinen fachlichen Vorgesetzten hören? Wer hat das Sagen – die Region oder der Produktbereich? Verantwortlichkeiten und Rollen werden als unklar empfunden. Quälende Diskussionen um sogenannte disziplinarische und gestrichelte (»dotted«) Berichtslinien – »Was gilt denn nun?« – sind Symptome für die Überforderung der Organisation, in mehreren Dimensionen gleichzeitig zu denken und zu handeln.

Ein erster Schritt, dieses unvermeidliche Dickicht zu lichten, ist die Definition der **LEITGEBENDEN DIMENSION** (»Leading Dimension«), die sich aus der Strategie ableitet.

> **»** ***»Eine Leitgebende Dimension definiert eine der in einer Matrixorganisation vorhandenen Ordnungsebenen eines Geschäftsmodells als leitgebend für die Organisationsentwicklung. Durch diese Priorisierung wird die Komplexität einer Matrixorganisation abgemildert.«*** **«**

In unserem Unternehmensbeispiel ist die Leitgebende Dimension die Region. Es sind Vertriebsregionen, besonders Amerikas und Asien, in denen die Unternehmensstrategie die wichtigsten Wachstumstreiber sieht: »Der Markt dort ist groß, potenziell offen für unsere Produkte und Services und von uns noch kaum erschlossen.« In der Folge muss sich die Gesamtorganisation auf Regionen ausrichten und diese stärken. Produktion, Marketing sowie andere Funktionen verstehen sich als die Regionen unterstützende Organisationseinheiten.

CHECK:
LEITFRAGEN ZUR ERARBEITUNG DER LEITGEBENDEN DIMENSION

- Was will und braucht der Kunde von uns?
- Welche der Einheiten im heutigen Organigramm stellt zuerst sicher, dass der Kunde zufrieden ist und wir zugleich unsere Profitabilität optimieren?
- Welche wesentlichen Wachstumstreiber sehen wir in unserer Strategie? Welche Anforderungen leiten sich daraus für die Organisation ab?
- Welche der bestehenden Einheiten der Organisation erfüllen (auch) in Zukunft wichtige, primär unterstützende/befähigende Funktionen?

Die Anforderungen der Zielorganisation ergeben sich **ZWEITENS** aus den **STÄRKEN UND SCHWÄCHEN** der bestehenden Organisation.

Wir haben erläutert, dass eine organisatorische Veränderung einen tiefen Eingriff erfordert. Es ist nicht so, dass alle Elemente der heutigen Organisation verbesserungswürdig sind. Deshalb macht euch bewusst, welche Stärken die Organisation hat. Die Zielorganisation sollte alles daransetzen, dass sie diese Stärken erhält und diesen Erhalt als Anforderung an die Zielorganisation definiert. Demgegenüber, und oft in einem Wechselverhältnis zu diesen, stehen die Schwächen, die die Zielorganisation adressieren muss.

Unternehmensbeispiel: Zu Beginn eines Organisationsentwicklungsprozesses erarbeiten Führungskräfte eines weltweit produzierenden Automobilzulieferers die Stärken und Schwächen ihrer Organisation über eine SWOT-Analyse und schaffen dazu ein gemeinsames Verständnis.

STÄRKEN:

- Innerhalb der Vertriebsregionen legen die Mitarbeiter eine hohe Flexibilität im Umgang mit den Kunden an den Tag.
- Die Vertriebsregionalstruktur weltweit funktioniert; wir sehen beständiges Wachstum.
- Eine standortübergreifende Gewinn- und Verlustverantwortung stärkt die Regionalstruktur.
- Die meisten Regionalverantwortlichen verstehen sich als Unternehmer im Unternehmen mit einem hohen Grad an gelebter Eigenverantwortung.

SCHWÄCHEN:

- Hohe interne Komplexität erzeugt Langsamkeit in den Entscheidungen, sobald die Zentrale eingebunden sein muss. Kunden bezeichnen die bestehende organisatorische Komplexität des Unternehmens als typisch.
- Fehlende und schlechte Prozesse und Standardisierungen verursachen mühsame, versteckte »Work-Arounds«.
- Unklare Rollen und Verantwortlichkeiten erzeugen lähmende Dauerdiskussionen.
- Interne Redundanzen und Ineffizienzen treiben die Transaktionskosten.
- Außerhalb der Regionen mangelt es an bereichsübergreifender Abstimmung. Dort dominiert ein ausgeprägtes Silo- und Bereichsdenken.

Fazit: Umsatz und Ergebnis liegen deutlich unter Potenzial. Das, was gut läuft – Identifizierung, Vertrauen, Kollegialität –, kann die Schwächen nicht überkompensieren, sondern verschleißt Mitarbeiter in zermürbenden Entscheidungsschleifen und treibt die Transaktionskosten in die Höhe. ■

Die Anforderungen der Zielorganisation ergeben sich **DRITTENS** aus einem griffigen **ORGANISATORISCHEN ZIELBILD.**

Am Ende der Analyse der Anforderungen an die Zielorganisation steht die Erarbeitung eines ambitionierten und griffigen Zielbilds. Das Zielbild beschreibt, was die Organisation in Zukunft ausmacht.

Wir setzen das **Unternehmensbeispiel** des Hightechgeräte-Herstellers fort:

»Unsere dynamische Organisation passt sich laufend an die Bedürfnisse unserer Kunden an. Wir handeln gruppenweit agil und flexibel. Unsere Organisation denkt und handelt unabhängig von Einzelpersonen und standortübergreifend als EIN Unternehmen, eine internationale Organisation, die sich intern unterstützt und zusammenwächst. Wir ermöglichen zwei Betriebssysteme und umarmen die darin liegende Ambiguität:

- Auf der einen Seite haben wir ein starkes Verständnis für Standardisierungsbedürfnisse. Wir reduzieren Komplexität und haben effiziente Prozesse etabliert.

- Auf der anderen Seite schaffen wir laufend Innovationen. Wir werden durch unsere Neugier und unsere konstruktive Lernkultur gestärkt.

Wir verschwenden keine Zeit und Energie mit internen Reibungs- und Abstimmungsschleifen. Stattdessen entfalten wir unsere Fähigkeiten gegenüber unseren Kunden und Partnern. Unsere Organisation denkt und handelt in Netzwerken und Partnerschaften und ist nach innen und außen transparent.«

In einem Satz:

»Von einer produktfokussierten zu einer markt- und kundeninspirierten Organisation. So sichern wir nachhaltig profitables Wachstum.« ■

KOSTEN DER BESTEHENDEN ORGANISATION ABSCHÄTZEN

Eine der Leitlinien der Organisationsentwicklung hat den Anspruch formuliert, dass die Zielorganisation so schlank wie möglich aufgestellt sein muss. Gruppenweite Aufgaben sollten zum Beispiel möglichst nur an einer Stelle in der Gesamtorganisation ausgeübt werden.

Organisationsveränderungen werden oft angestoßen, um gewachsene, dysfunktionale Strukturen zu ersetzen oder so umzubauen, dass sie effektiver (Was machen wir?) und effizienter (Wie machen wir es?) funktionieren. Die Zielorganisation verlangt von daher Entscheidungen: Redundanzen beseitigen, überflüssige Tätigkeiten beenden, sich von ganzen Organisationseinheiten trennen, Transaktionskosten auslösende Bürokratie reduzieren und über das Ersetzen von administrativen Prozessen durch intelligente Algorithmen deutlich effizienter werden. Auf der Investitionsseite einer Organisationsveränderung steht eine Verstärkung von Kompetenzen. Dennoch:

> **»*Geringere Fixkosten bilden den Lackmustest für das Gelingen der Zielorganisation.*«**

Um diesem Lackmustest Kraft zu geben, solltet ihr im frühen Prozessstadium den Status der Fixkosten ermitteln. Legt einen Stichtag fest, zum Beispiel den letzten Tag eines vergangenen Geschäftsjahrs, und macht die Kosten transparent. Achtung: Einmal festgelegt, ändert diesen Stichtag nicht, auch wenn in der Folge viele Gründe angeführt werden, warum das keine gute Baseline war. Oft verstecken sich hinter diesen Zweifeln eigennützige Ziele: »Mist, zum Zeitpunkt des Stichtags ist in meiner Abteilung Personalnot gewesen. Jetzt wird dieser Ausnahmemoment als Grundlage für weitere Einsparungen genutzt.«

Entgegnet in diesem Fall, dass die aus der Strategie abgeleitete Ausgestaltung der Organisation zeigen wird, wo wir Wachstum vorsehen oder berechtigterweise abbauen müssen; daran ändert ein Stichtag nichts.

Und wieder **BEGRIFFE SCHÄRFEN** ...

In einer Organisation schwirren mehr oder weniger trennscharf verwendete Begriffe umher. Um der Organisation Klarheit und Orientierung zu geben, braucht es ein gemeinsames Verständnis von den Begriffen. Hier die Wichtigsten:

- **AUFGABEN** sind spezifische Tätigkeiten, die eine Person oder ein Team leistet, um zum Erfolg des Unternehmens beizutragen, etwa: »Regelmäßiges Berichtswesen über die wirtschaftliche Entwicklung des Unternehmens sicherstellen«.

- Innerhalb von Teams haben Personen unterschiedliche **ROLLEN**, um die Abarbeitung von Aufgaben sicherzustellen, also zum Beispiel: »Controller«, »Leiter Buchhaltung« oder »Vertriebsleiter«. Für das Gelingen der Zielorganisation entscheidend sind Führungsrollen und Rollen in Schlüsselpositionen.

- Aus Aufgaben und Rollen leiten sich **KOMPETENZEN** ab. Kompetenzen sind die Fähigkeiten, Kenntnisse, Erfahrungen und Eigenschaften, die Personen befähigen, ihre Aufgaben zu erfüllen.

Aufgaben, Rollen und Kompetenzen bilden die Grundlage für die Erstellung von **PROFILEN**, die einzelne Tätigkeiten beschreiben und damit relevant für Personalentscheidungen sind.

ORGANISATIONSSTRUKTUR ENTWICKELN: AUFGABEN DEFINIEREN, IN TEAMS BÜNDELN UND FÜHRUNGSAUFGABEN BENENNEN

Nachdem alle Voraussetzungen geklärt sind, geht es endlich mit der Konzeption der Zielorganisation los, und zwar mit der Definition von Aufgaben. Nehmt euch das organisatorische Zielbild zur Hand und fragt euch: »Welche vordringlichen Aufgaben ergeben sich aus dem Zielbild?«

Wir bleiben bei unserem **Hightechgeräte-Hersteller:**

- Vertrieb und Marketing in unseren Fokusregionen verstärkt betreiben.
- Standardisierung ausgewählter Produkte fokussiert und zügig vorantreiben.
- Unternehmensweit Prozesse überprüfen und vereinfachen.
- Innovationen verstärkt entwickeln (gemeint sind Innovationen aus Sicht des Kunden, nicht aus interner Sicht).
- Innovationen in den Markt bringen.
- Lösungspartnerschaften aufbauen.
- Controlling in allen Kundenprojekten verankern. ■

Leutnant Uhura: »Captain, ich verstehe den Bedarf einer klaren Struktur und Aufgabenzuteilung. Ich habe das ja auch eingefordert. Alles schön und gut. Aber ob es wirklich besser klappt mit unserer Organisation, hängt doch auch davon ab, wie wir zusammenarbeiten und wie jeder Einzelne zu dieser Zusammenarbeit steht. Da können wir noch so viele Kästchen malen. Da fehlt der Schmierstoff zwischen den Aufgabenaufteilungen.«

Captain Kirk: »Das stimmt, Leutnant Uhura. Schauen wir, wie wir vorgehen.«

Wenn wir uns das Zielbild des Beispielunternehmens anschauen, wird deutlich, dass viele der Veränderungen mehr mit der **KULTUR UND DER HALTUNG** der Mitarbeiter und Führungskräfte zu tun haben als mit der Organisation. Ein paar Beispiele:

- Anpassungsfähigkeit der Organisation steigern, statt nach Perfektion zu streben.
- Ambiguität umarmen lernen, statt vergeblich nach Richtig oder Falsch zu suchen.
- Gruppenweit als EINE Organisation denken und handeln, statt »ihr« und »wir«.
- Internationaler werden, statt das deutsche Stammhaus zum Maßstab zu machen.
- Fähig zu Partnerschaften werden, statt alles vergeblich selbst machen zu wollen.
- Transparent sein, statt Wissen zu horten.
- Kundenorientierung, statt auf Produkte zu fokussieren.
- Kundenorientierung nicht mit Vernachlässigung der Profitabilität verwechseln.

Auf die entscheidenden unternehmenskulturellen Elemente einer Organisation werden wir dann in den Kapiteln 3 und 4 zu sprechen kommen.

Zentral oder dezentral?

Bei vielen Organisationsveränderungen geht es um eine Neugewichtung des Verhältnisses von zentralen und dezentralen Aufgaben: Welchen Durchgriff wird die Zentrale in der Zielorganisation haben? Wie viel Gestaltungsfreiraum sollen die dezentralen Organisationseinheiten haben und worin liegt dieser genau? Welche Art von Vorgaben wird die Zentrale machen? In etablierten und globalen Unternehmen erleben wir häufig, dass die Erhöhung der Nähe zu den Kunden und die Ertüchtigung des Vertriebs, die Märkte eigenständig zu bedienen, den Kern der Organisationsveränderung darstellen. Die Vertriebsregionen werden zur Leitgebenden Dimension der Organisation. Diese Stoßrichtung geht einher mit einer Reduzierung der Aufgaben der Zentrale auf strategisch-steuernde Aufgaben und dem Fokus auf die Anforderungen, die der Vertrieb in den Regionen stellt.

Wenn es um die Gestaltung zwischen zentraler und dezentraler Aufgabenerledigung geht, kann folgende Faustregel hilfreich sein, um die vielfach proklamierte Kundennähe auch tatsächlich organisatorisch abzubilden. Wir nehmen die Regionen (dort sind die Kunden!) in den Mittelpunkt und sagen uns: Alle Aufgaben werden dezentral geregelt, es sei denn,

- es handelt sich um übergeordnete, strategisch-steuernde Aufgaben oder

- um solche, die aus Effizienzgründen zentral gebündelt sind, zum Beispiel (strategischer) Einkauf, Lohn- und Gehaltsabrechnung oder Teile der IT-Unterstützung. Dabei heißt »zentral gebündelt« nicht notwendigerweise, dass diese im Stammhaus des Unternehmens angesiedelt sein müssen. Zentral gebündelt kann auch heißen, irgendwo in der Welt, aus Gründen der Kapazitäten, Kompetenzen oder Kosten. Oder wir zentralisieren Aufgaben aus steuerlichen oder rechtlichen Beweggründen.

Unternehmensbeispiel: Ein großer Mobilitätsanbieter im Endkundengeschäft hat sich entschieden, den Vertrieb über seine über 6000 Verkaufsflächen in ausgewählten Vertriebsregionen zu stärken und die Aufgaben der Zentrale von operativen auf strategisch-steuernde Aufgaben zu reduzieren. Hier einige Beispiele für die neue Aufgabenverteilung:

Vertrieb & Marketing

dezentral

- Kunden gewinnen, beraten und betreuen, Upselling betreiben
- Regionalen Markt und Portfolio bearbeiten: vernetzen, analysieren, beobachten, lokales Marketing betreiben
- Quantitative und qualitative Vertriebsziele mit der Zentrale vereinbaren und erreichen
- Bestand und Boni steuern: Bedarfsanalyse durchführen und Bedarf anfordern
- Vertriebsmitarbeiter führen, entwickeln, fördern
- Logistik betreiben, ausliefern und Inzahlungnahme koordinieren

zentral

- Strategische Kommunikation betreiben
- Vertriebscontrolling betreiben
- Strategisches Marketing betreiben, z.B. Markenkonzepte entwickeln, ABC Brand Book erstellen und verankern
- Vertriebsziele aus denen des Gesamtunternehmens ableiten und mit Region/Standort vereinbaren: KPIs, Invest, Bestand, Ergebnis

IT & Prozesse

dezentral

- 2nd Level IT Support leisten: IT-Projektmanagement betreiben, Hardware austauschen, Störungen beheben, Standards ausbauen, Applikation-Support leisten
- Entwicklungen begleiten und durchführen: spezifische, regionale Anforderungen umsetzen; Innovationen vorantreiben
- Operatives Prozessmanagement betreiben:
- Prozesse analysieren (für Sales & Marketing; After-Sales) & entsprechende Verbesserungspotenziale erarbeiten
- Anforderungen an Prozesse & Plattform definieren & an IT-Entwicklung zur Umsetzung übergeben
- Prozesse integrieren und schulen

zentral

- Strategie/Architektur- und Security-Guidelines definieren und vorgeben (Systemlandschaft vorgeben, Daten-Management-Richtlinien definieren, Infrastruktur bereitstellen)
- Core Products (CRM, Digital Services etc.) entwickeln
- Strategische Prozesse steuern, Prozess-Mapping erstellen und Prozessüberblick erstellen und bereitstellen
- IT-Solution-Architektur definieren

Um der Aufgabenfülle eine Struktur zu geben, bündeln wir sie in Organisationseinheiten, in **TEAMS**. Die Leitfragen zur Bildung von Teams lauten:

CHECK: LEITFRAGEN ZUR BÜNDELUNG VON AUFGABEN IN TEAMS

- Welche Aufgaben können sinnvollerweise gebündelt werden, weil
  - sie artverwandt sind,
  - sie sich eng befruchten,
  - sie enge Zusammenarbeit der erforderlichen Kompetenzen erfordern,
  - deren Bündelung Kostensynergien erzielt?
- Sind die Bündelungen ausreichend differenzierbar voneinander?

Auf diese Weise entstehen **TEAMS**, wie zum Beispiel das Expertenteam »Strategisches Controlling«, in dem die Aufgaben »Berichtswesen sicherstellen«, »Bilanzen auswerten«, »Strategische Ziele in wenige Kennzahlen übersetzen und im Unternehmen verankern« gebündelt sind.

Das Dynamogramm™

Leutnant Uhura hat in ihrer letzten Intervention darauf hingewiesen: Wir können viele Aufgaben und Teams »schneiden«. Ob die Zielorganisation das erreicht, was wir uns von ihr erhoffen, hängt allerdings davon ab, wie die Zusammenarbeit im Unternehmen aussieht. Erneut: Wie schaffen wir die Balance zwischen klarer Verantwortlichkeit und dynamischer Anpassungsfähigkeit und machen gleichzeitig die erforderliche Zusammenarbeit zwischen den Teams sicht- und erlebbar? Das Organigramm und die hinter dieser Darstellung stehende Haltung zur Organisation helfen nicht mehr weiter. An die Stelle des Organigramms setzen wir das Dynamogramm™.

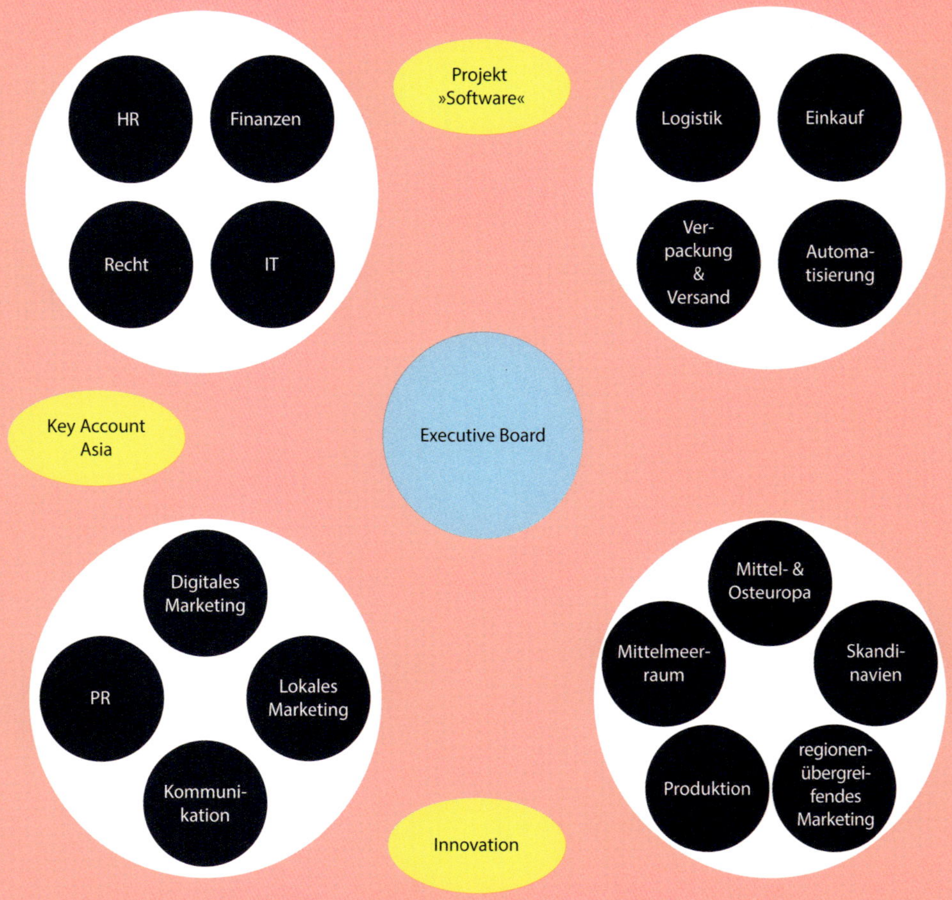

Das Dynamogramm™ ist eine softwaregestützte Organisationsdarstellung, die Zusammenarbeit im Unternehmen transparent macht und die dynamische Entwicklung des Unternehmens laufend abbildet. Die Mitglieder jedes Teams in der Organisation sind sichtbar. Jedes Team, das sich neu aufsetzt, fragt sich, zu welchem Beitrag für das Gelingen der Strategie es sich verpflichtet, und schreibt dies für alle anderen sichtbar als Zweck des Teams auf. Die Führungskräfte sorgen dafür, dass jede Veränderung einer Teamzusammensetzung und jede Neubildung oder Aufgabe eines Teams im Dynamogramm™ dokumentiert und laufend aktualisiert werden. Alle Mitarbeiter des Unternehmens haben zu jeder Zeit Zugriff auf das Dynamogramm™, sodass jeder weiß, woran die Kollegen gerade arbeiten.

Das Dynamogramm™ sieht vier Kategorien von Teams vor:

Teamstruktur im Dynamogramm™

KC — **Kompetenz Cluster (KC)** bündeln Aufgaben in wenigen Clustern, von denen eines die »Leading Dimension« der Organisation spiegelt.

KT — **Kompetenz Teams** sind monofunktionale Einheiten innerhalb der KCs.

ET — KTs können mehrere **Experten Teams (ET)** beinhalten, die kleinere monofunktionale Einheiten abbilden.

CFT — **Cross-funktionale Teams (CFT)** versammeln Experten verschiedener Kompetenzen. Sie können permanente oder temporäre organisatorische Einheiten darstellen, darunter auch Projekte.

In den folgenden Arbeitsschritten, in denen wir einen möglichen Ablauf der Detaillierung einer Zielorganisation beschreiben, nehmen wir das Dynamogramm™ zur Grundlage der künftigen Darstellung der Zielorganisation. Die Arbeitsschritte sind auch anwendbar, wenn ihr euch nicht für das Dynamogramm™ als Organisationsdarstellung entscheidet.

PLAY: DEN TEAMS AUFGABEN ZUORDNEN

Zur Erarbeitung der Zuordnung von Aufgaben an die Teams könnt ihr in eurer Arbeitsgruppe folgendes Vorgehen in einer Mischung aus Gruppenarbeit und intensiver Vor- und Nacharbeit anwenden.

SCHRITT 1: KOMPETENZ CLUSTER (KC) definieren und ausdetaillieren

Nach der Logik des Dynamogramms™ ist die Leitgebende Dimension das erste KC. Im zuvor genannten Unternehmensbeispiel sind es die »Regionen«. Definiert in eurer Arbeitsgruppe im Rahmen eines Workshops die anderen KCs, zum Beispiel »Produktlinien«, »(gruppenweites) Engineering und Innovation« und »unterstützende Funktionen«, in denen administrative, also die Organisation ertüchtigende Aufgaben *für das gesamte Unternehmen* stecken.

Auf dieser Basis erarbeitet ihr die in den KCs liegenden Kompetenz- und Expertenteams. Leitfrage für diese Erarbeitung ist: Welche Aufgaben müssen die KCs bearbeiten?

Im Fall des KCs »Regionen« kann es zielführend sein, die in der Strategie definierten Fokusregionen zu eigenständigen Kompetenz Teams (KT) innerhalb des KCs »Regionen« zu machen – weil die Bedingungen von Region zu Region so unterschiedlich sind, dass sie die individuelle Erledigung von Aufgaben erfordern.

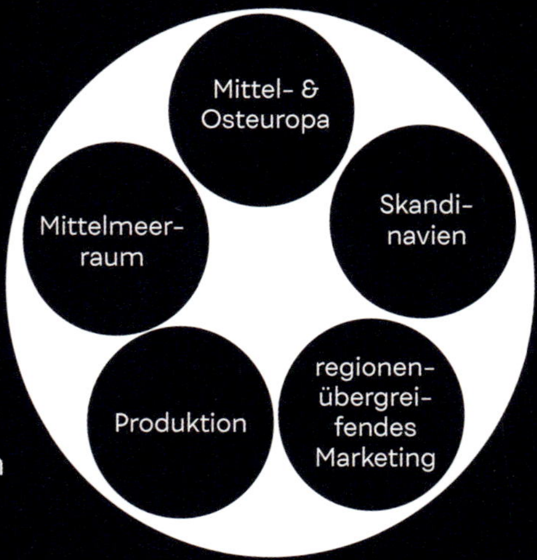

SCHRITT 2: KOMPETENZ TEAMS (KT) ausdetaillieren

In Vorbereitung auf den nächsten Workshop definiert ihr die Zielorganisation auf der nächsten Detailebene: Welche Aufgaben stecken in den Kompetenz Teams?

Aufgaben im KT »Region Mittel- und Osteuropa« beziehen sich in unserem Beispiel auf Teams, in denen die Aufgaben »Marketingmaßnahmen durchführen«, »operative HR« und »operatives Controlling« liegen.

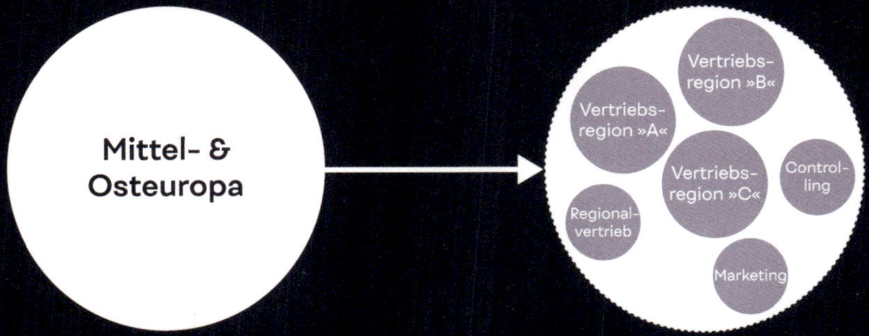

Die Mitglieder der Arbeitsgruppen erarbeiten diesen Detaillierungsgrad anhand eines mit den Arbeitsergebnissen aus Schritt 1 vorausgefüllten Templates.

Kompetenz Cluster	Kompetenz Team	Experten Team	Aufgaben
Regionen	Mittel- & Osteuropa	Vertriebsregion »A«	**Purpose:** Wachtum von unserem Unternehmen bewirken – Leads generieren – Neukunden gewinnen – Bestandskunden durchdringen & pflegen – Kundenanforderungen mit dem Produktmanagement abstimmem – [...]
		Controlling	**Purpose:** Vertriebsziele überwachen und Einhaltung sicherstellen – Vertriebsprovision steuern – Vertriebsziele überwachen – Zielerreichung nachhalten & kommunizieren – [...]
		Produktion	**Purpose:** Kundenanforderungen umsetzen – Kundenanforderungen aufnehmen – Kundenanforderungen in Produkte übersetzen und Lösungen produzieren – Sicherheitstest durchführen – Qualität überprüfen und zertifizieren – [...]

Um der Eindeutigkeit willen bittet die Kollegen um präzise und eindeutige Formulierungen. Verwendet aktive Aufgabenbeschreibungen und vollständige Teamnamen.

Solltet ihr euch für das Dynamogramm™ als zukünftige Organisationsdarstellung entscheiden, können die Kollegen diese Eintragungen auch direkt in das Tool hinein vornehmen.

SCHRITT 3: ZIELORGANISATION zusammenführen und verabschieden

In einem auf den Ergebnissen von Schritt 2 aufbauenden Workshop der Arbeitsgruppe werft ihr einen Blick auf die so entstandene, aber noch unfertige Zielorganisation. Ihr stellt zueinander passende Arbeitsergebnisse und Abweichungen fest und einigt euch auf ein kongruentes Zielbild. Methodisch könnt ihr diese Diskussionen entweder

- **ANALOG** in einem Gallery Walk durchführen, bei dem jede Station ein KC ist und die darin liegenden KTs und ETs abgebildet sind, oder

- **DIGITAL** den gemeinsamen Blick in das Dynamogramm™ richten.

Versucht die wesentlichen Veränderungen der Zielorganisation gegenüber dem Status Quo auf den Punkt zu bringen. Für die spätere Kommunikation ist eine solche Zuspitzung erfolgsentscheidend. Beispiel: »Dezentral nah am Kunden. Produktion in den Märkten. Zentrale als Dienstleister«.

Das auf diese Weise fertig zusammengestellte Dynamogramm™ gibt einen Überblick über die Gesamtorganisation – wobei wir in diesem gedruckten Playbook nur eine Dimension abbilden können. Die unten genannten weiteren Schritte zur Vervollständigung der Zielorganisation arbeitet ihr am effizientesten direkt in das Dynamogramm™ ein. Im Endzustand zoomen sich die Mitarbeitenden in die Teams hinein und erschließen sich auf diese Weise die innerhalb der Kompetenz Cluster, Kompetenz Teams und cross-funktionale Teams arbeitenden Kollegen und deren Teams. Hinter diesem Link könnt ihr einen Blick in die 2-D-Fassung eines Beispiel-Dynamogramm™s werfen:

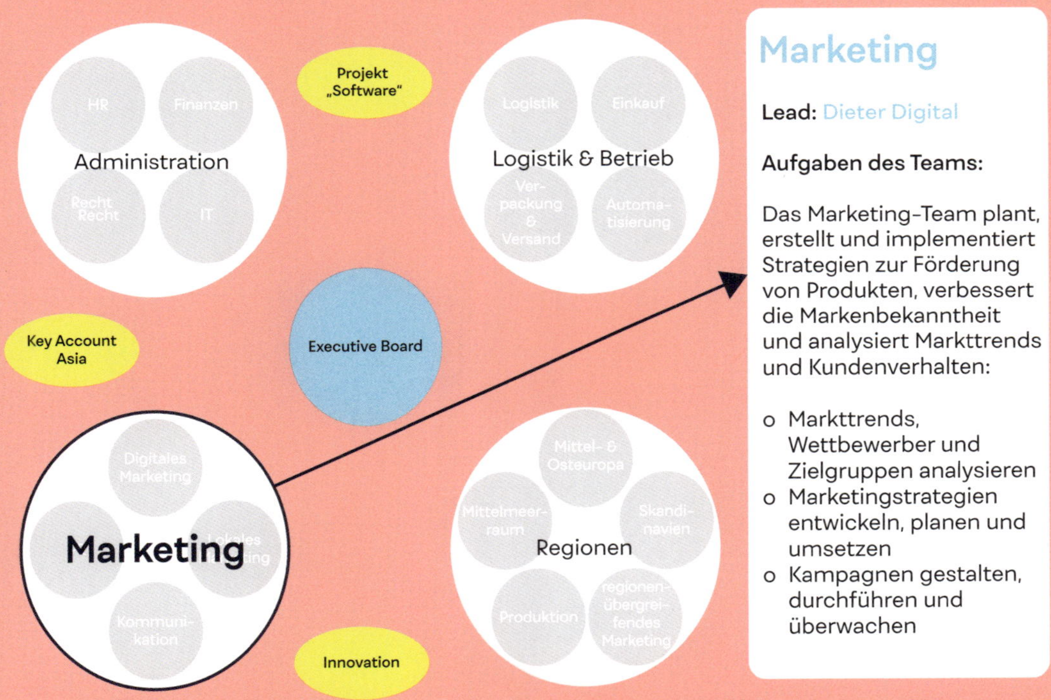

Link: https://www.companycompanions.com/organisationsentwicklung/dynamogramm/

Führungsaufgaben benennen

Leutnant Uhura: »Wenn wir die Aufgaben, die unsere Crew hat, gut auf die Teams verteilt haben, wer übernimmt die Verantwortung dafür, dass alle in einem Team gebündelten Aufgaben erledigt sind?«

Captain Kirk: »Gute Frage. Eins ist klar: Ohne Führung und ohne Verantwortungshierarchie geht es nicht in einer Organisation. Ich glaube nicht an eine reine Netzwerkorganisation, bei der Kompetenzen miteinander verbunden sind und sich hierarchiefrei ständig neu ordnen. Auch wenn wir einige Zeit im Weltall leben werden, bleiben wir Erdenbürger. Wir Menschen brauchen Zugehörigkeit in einem Team. Und wir brauchen Führungspersönlichkeiten, die Lust haben, sich mit Menschen zu befassen, und die Verantwortung zu tragen bereit sind.«

Um Führungsaufgaben in der Organisation zu identifizieren, könnt ihr folgendes Fragengerüst anwenden.

CHECK: FÜHRUNGSAUFGABEN IN DER ORGANISATION IDENTIFIZIEREN

- Welchen Stellen in der Organisation kommt eine Schlüsselposition bei der Umsetzung unserer Strategie zu?
- Im Fall des Unternehmensbeispiels, das die Vertriebsregionen als Leitgebende Dimension identifiziert hat, sind dies die Regionalteams. Ihnen kommt die Verantwortung zu, dass das Versprechen, derentwegen die neue Organisationsstruktur aufgesetzt wurde, eingelöst wird.

- Welche Stellen der Organisation sollten mit den zuvor identifizierten verbunden sein und wichtige Achsen für das Gelingen des Wachstumstreibers bilden?

- Im Fall des Unternehmensbeispiels des Hightechgeräte-Herstellers ist dies das Produktmanagement. Es sorgt dafür, dass Kundenanforderungen mit dem Produktportfolio und der Produktion im Einklang stehen, dass also die Produkte geliefert werden können, die der Markt braucht, entsprechend das Produktportfolio beständig weiterentwickelt wird.

- Haben wir eine Führungsaufgabe in den Kompetenz Clustern oder steuern sich die Leiter der Kompetenz Teams innerhalb der Kompetenz Cluster selbst?

Alle Kompetenz Teams und cross-funktionalen Teams sollten von Führungskräften geleitet werden.

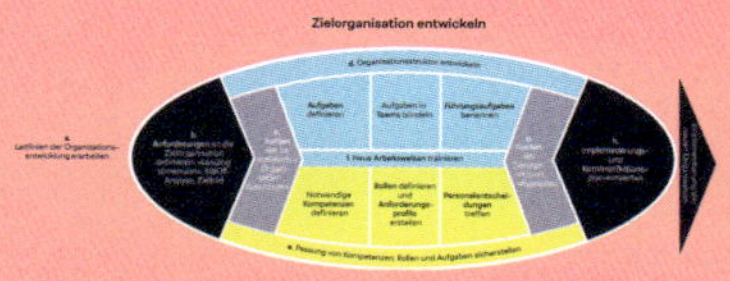

PASSUNG VON ROLLEN, KOMPETENZEN UND AUFGABEN SICHERSTELLEN

Die Kerncrew des Raumschiffs Enterprise hat klare Rollen und Aufgaben:

Captain James T. Kirk
Rolle: Kommandant der USS Enterprise.
Aufgaben: Verantwortlich für die gesamte Crew und das Schiff. Trifft die endgültigen Entscheidungen in allen wichtigen Angelegenheiten und leitet diplomatische Missionen.
Erforderliche Kompetenzen: Ausgeprägte Führungskompetenz unter weitgehend unbekannten Rahmenbedingungen. Fähigkeit, starke Experten zusammenzuführen und zu gemeinsamen Entscheidungen zu bringen, plus hohe kommunikative und analytische Fähigkeiten.

Commander Spock
Rolle: Erster Offizier und Wissenschaftsoffizier.
Aufgaben: Berät Captain Kirk und ist für wissenschaftliche Untersuchungen und Analysen zuständig. Aufgrund seiner vulkanischen Herkunft verfügt er über besondere Fähigkeiten wie Logik und Telepathie.
Erforderliche Kompetenzen: Bewiesene naturwissenschaftliche Fähigkeiten, wissenschaftliche Neugier und hohe Sorgfalt sowie ausgeprägte analytische Fähigkeiten.

Dr. Leonard »Pille« McCoy
Rolle: Chefarzt.
Aufgaben: Verantwortlich für die medizinische Versorgung der Crew. Oftmals ein moralischer und emotionaler Gegenpol zu Spocks rationaler Herangehensweise.
Erforderliche Kompetenzen: Ausgebildeter Schulmediziner, Biologe und Psychologe, Kenntnis biologischer Arzneimittel und alternativer Medizin.

Leutnant Commander Montgomery »Scottie« Scott
Rolle: Chefingenieur.
Aufgaben: Zuständig für den Maschinenraum und die technische Wartung des Schiffs. Scottie ist ein Meister im Reparieren und Optimieren der Schiffssysteme.
Erforderliche Kompetenzen: Ausgebildeter Weltraumingenieur und Coder, langjährige Erfahrung in der Konstruktion von Fluggeräten aller Art, vertraut mit Internet of Things und künstlicher Intelligenz.

Leutnant Nyota Uhura
Rolle: Kommunikationsoffizierin.
Aufgaben: Verantwortlich für die Kommunikation innerhalb und außerhalb des Schiffs. Sie überwacht alle eingehenden und ausgehenden Signale und sorgt für die Übersetzung fremder Sprachen.
Erforderliche Kompetenzen: Ausgeprägte Ausdrucksfähigkeit in Wort und Schrift, vertraut in der Anwendung von Large Language Models, hohe soziale Intelligenz und die Fähigkeit, sich in den Empfänger von Nachrichten hineinzuversetzen, auch und besonders bei Außerirdischen, vielsprachig, vertraut mit Nachrichtentechnik.

Leutnant Hikaru Sulu
Rolle: Steuermann.
Aufgaben: Steuert das Schiff und ist für die Navigation verantwortlich. Sulu ist auch ausgebildet in verschiedenen Kampfkünsten.
Erforderliche Kompetenzen: Weltraumforscher, geografische Kenntnisse.

Offizier Pavel Chekov
Rolle: Navigator und taktischer Offizier.
Aufgaben: Unterstützt Sulu bei der Navigation und ist oft für die Waffensysteme des Schiffs zuständig.
Erforderliche Kompetenzen: Technische Kompetenz als ausgebildeter Ingenieur, waffentechnologische Kompetenz.

Aus der Organisationsstruktur mit ihren definierten Teams sowie deren Aufgaben und Führungspositionen könnt ihr im nächsten Schritt Rollen sowie die für die Erledigung erforderlichen Kompetenzen ableiten, deren Verantwortung benennen und diese in Anforderungsprofilen zusammenfassen.

> **»** ***Das englische Wort für »Verantwortung« lautet »Responsibility«. Verantwortung übernimmt die Person mit der »Response-Ability« – »ability to respond«, also der Fähigkeit, Antworten auf Erwartetes und Unerwartetes geben zu können.*** **«**

PLAY: AUFGABEN IN DEN TEAMS SOWIE ROLLEN UND KOMPETENZEN ZUORDNEN, VERANTWORTUNG BESCHREIBEN UND IN EINEM ANFORDERUNGSPROFIL ZUSAMMENFASSEN

- Führt euch die wichtigsten **AUFGABEN** in den Teams vor Augen und konkretisiert diese. Eine Aufgabe haben heißt: **VERANTWORTLICH SEIN** für ...
- Bündelt Aufgaben in einer **ROLLE**. So wie in der Crew der Enterprise Wissenschaftsoffizier, Steuermann, Navigator, Chefingenieur. Und ergänzt.
- Schreibt bis zu fünf **KOMPETENZEN** auf, die erforderlich sind, um diese Rolle und die dahinterliegenden Aufgaben zu meistern.
- Fasst Rolle, Aufgaben und Kompetenzen in einem **ANFORDERUNGSPROFIL** zusammen. Dazu könnt ihr das nachfolgende dargestellte Template nutzen.

Anforderungsprofil	
Rolle Team Standort Führung durch Besonderheiten	
Aufgabe – verantwortlich sein für …	• • •
erforderliche Kompetenzen	• • •

> **»*Anforderungsprofile sind nicht in Stein gemeißelt. Sie unterliegen einer dauernden Überprüfung und entwickeln sich mit den Marktanforderungen weiter.*«**

Tipp: Macht Anforderungsprofile zum Gegenstand von regelmäßigen Mitarbeitergesprächen und überprüft gemeinsam mit den Mitarbeitenden, ob Rolle, Aufgaben und Kompetenzen noch zu den Anforderungen des Geschäfts und den Aufgaben des Teams passen.

Personalentscheidungen: Abgleich IST – SOLL

Anforderungsprofile bilden die Grundlage für gut überlegte Personalentscheidungen.

CHECK:
PERSONALENTSCHEIDUNGEN AUS DEM ABGLEICH VON KOMPETENZEN IM SOLL UND IST ABLEITEN

Fragt euch:

- Passen die Kompetenzen der zurzeit existierenden Kollegen zu den Kompetenzen, die erforderlich sind?
- Welche Weiterbildung kann Kollegen helfen?
- Wen sollten wir mit besser zu seinen Kompetenzen passenden Aufgaben betrauen?
- Für welche Aufgaben brauchen wir neue Kollegen mit nicht in der bestehenden Organisation vorhandenen Kompetenzen?
- Müssen wir uns von Kollegen trennen, weil wir deren Kompetenzen in der neuen Strategie und damit in der Organisation nicht mehr benötigen? Wie trennen wir uns in angemessener Form?

Auf welche Weise und nach welchen Kriterien schwierige Personalentscheidungen gelingen, könnt ihr im folgenden Kapitel nachlesen.

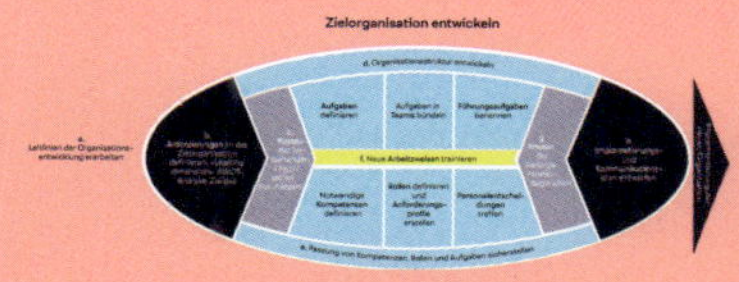

NEUE ARBEITSWEISEN TRAINIEREN

Häufig führen Organisationsveränderungen in Zeiten verstärkter Unsicherheit zu einem hohen Bedarf an cross-funktionaler und gruppenübergreifender Zusammenarbeit. Dabei handelt es sich um temporäre Projekte oder auch um Teams, die dauerhaft cross-funktional besetzt sind. Wie geschildert, bildet das Dynamogramm™ sich bildende und wieder auflösende Teams (beispielsweise Innovationsprojekte mit Teams, die globale Schlüsselkunden betreuen) genauso transparent ab wie auch dauerhaft bestehende cross-funktionale Teams , die an digitalen Innovationen arbeiten, oder solche, die die Strategie des Unternehmens verantworten. Allen cross-funktionalen Teams gemeinsam ist, dass sie nicht nur funktionsübergreifend – zum Beispiel Mitglieder aus Vertrieb, Controlling, Produktion und Marketing –, sondern auch standortübergreifend zusammenarbeiten.

Die nachstehende Abbildung zeigt das cross-funktionale Team Produktentwicklung in einem Beispiel-Dynamogramm. Zu sehen ist, aus welchen Bereichen der Organisation sich das cross-funktionale Team zusammensetzt.

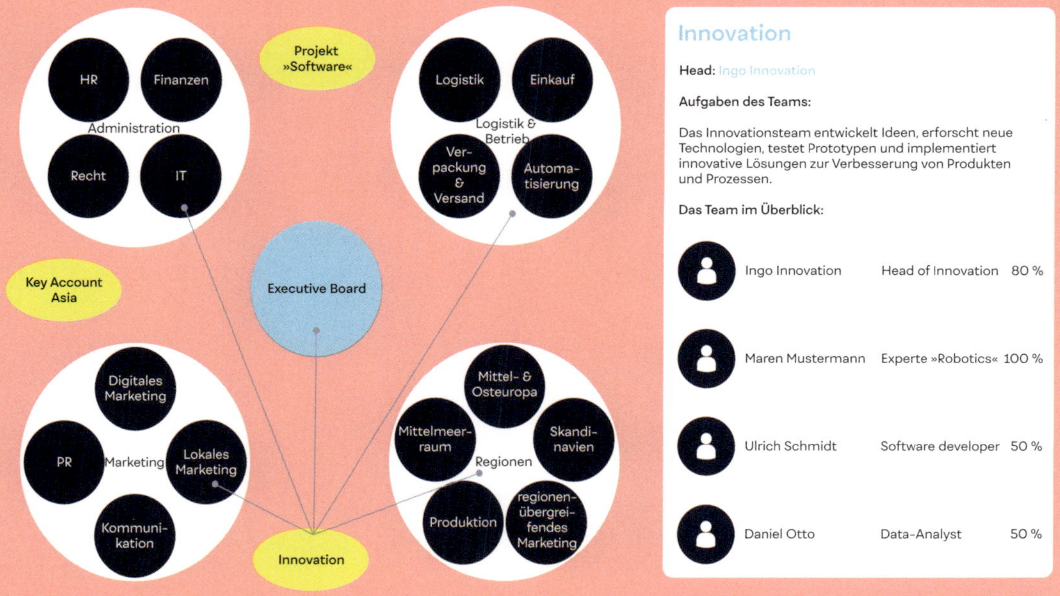

Solche Teams zusammenzuhalten, stellt eine herausfordernde Führungsaufgabe dar. Deswegen gehen wir im folgenden Kapitel auf das Thema Führen auf Distanz ein. Hier schon einmal erste Hinweise, welche interaktiven Formate die Zusammenarbeit in Teams stützen, die über Standorte und Funktionen hinweg zusammenarbeiten.

PLAY: BEISPIELE FÜR INTERAKTIVE FORMATE DER ZUSAMMENARBEIT ÜBER FUNKTIONEN UND RÄUME HINWEG

- **VIRTUELLE KANBAN-BOARDS: AUFGABEN ORGANISIEREN**

  Egal, ob Teams synchron oder asynchron arbeiten, die Organisation der zu erledigenden Aufgaben ist wichtig, um Redundanzen und doppelte Arbeit zu vermeiden, insbesondere bei Remote-Teams. Virtuelle Kanban-Boards bieten die Möglichkeit, Aufgaben ortsunabhängig und stets griffbereit zu organisieren. Das Team hält hierzu Aufgaben und deren Status nach, kann Kommentare und Zwischenergebnisse einpflegen und Verantwortlichkeiten zuweisen. Ein Beispiel dafür ist der »Planner« für MS-Teams oder »Trello«.

- **DAILY STAND-UPS: REGELMÄSSIGE UND ZIELGERICHTETE KOMMUNIKATION**

  Das Daily Stand-up ist ein regelmäßiger Austausch innerhalb des Teams, welcher idealerweise jeden Morgen zur selben Zeit und am selben Ort stattfindet – auch virtuell möglich. Jedes Teammitglied berichtet innerhalb von zwei Minuten zu folgenden Punkten:

  - Das habe ich gestern gemacht ...
  - Darauf fokussiere ich mich heute ...
  - Hierbei brauche ich Unterstützung ...

TIPP: Das Kanban-Board ist die perfekte Grundlage für dieses Meeting.

- **KOLLABORATIONS-TOOLS: VIRTUELL UND ORTSUNABHÄNGIG ZUSAMMENARBEITEN**

  Kollaborations-Tools, wie Miro und Conceptboard, erlauben es Teams jeder Größe, virtuell zusammenzuarbeiten. Sie eignen sich für Workshops und Teamfindungstreffen.

- **COMMUNITIES OF PRACTICE: TEAMÜBERGREIFENDEN AUSTAUSCH FÖRDERN**

  Communities of Practice (kurz: CoP) sind Experten-Gruppen, in denen ein regelmäßiger Austausch zu bestimmten Fachthemen stattfindet. Fachverwandte Kollegen treffen aufeinander und tauschen sich zu aktuellen Herausforderungen aus, arbeiten gemeinsam an Lösungsansätzen und teilen neueste Erkenntnisse. Diese Formate sind geschlossene Räume, in denen ein vertraulicher Austausch stattfinden kann. Neben der Lösung spezifischer Fragestellungen lernen sich hier Kollegen kennen, die im Alltag ansonsten wenige Berührungspunkte teilen.

Anders zu arbeiten, verlangt Übung. Nehmt euch die Zeit und die Hilfe, die ihr braucht, um diese Praktiken einzuüben. Der Aufwand dafür zahlt sich um ein Vielfaches in der Praxis aus.

EXKURS: Prozesse neu denken

Herkömmlicherweise unterscheidet man zwischen Aufbau- und Ablauforganisation. Übersetzt sind das die Organisationsstruktur auf der einen und die Prozesse innerhalb der Struktur auf der anderen Seite. Die Konzeption einer Neuorganisation bietet euch die Möglichkeit, Prozesse neu zu denken, und zwar in vierfacher Hinsicht:

Erstens:
Überprüfung und Neugestaltung bestehender Prozesse
Alle wesentlichen, geschäftsbestimmenden Abläufe kommen auf den Prüfstand.

Unternehmensbeispiel: Großer Mittelstand, Weltmarktführer. Eine beeindruckende Erfolgsgeschichte. Doch im detailverliebten, durch Technik und Engineering getriebenen Unternehmen haben viele Ingenieure über die Jahre eine voluminöse Prozesslandschaft entwickelt. Die Prozesse sind in einem digitalen Prozesshandbuch dokumentiert.

Das umfangreiche Regelwerk ist jedoch nicht nur unvollständig und veraltet und schafft keine Orientierung. Sondern es wird von den meisten Mitarbeitenden bewusst gemieden, weil das Werk vorgibt, jede Eventualität abzubilden, was völlig übertrieben ist. Es ist nutz- und wirkungslos. Neue Mitarbeiter erkundigen sich lieber bei erfahrenen Kollegen, wie sie eine Dienstleistung gegenüber einem Kunden abrechnen, eine Bestellung auslösen oder einen Urlaub beantragen, anstatt in das Handbuch zu schauen.

Der Vorschlag, dieses selbst erschaffene Monstrum zu vernichten, wurde zunächst vehement zurückgewiesen. Nach zwei weiteren Jahren schmerzlicher Erfahrungen war es schließlich so weit. Ein regelrechter Befreiungsschlag mit sichtbarem Einfluss auf relevante Finanzkennzahlen. ■

Ein besonders gefürchteter Prozess ist die innerbetriebliche Leistungsverrechnung. Sie verführt zur Beschäftigung mit sich selbst, wofür kein Kunde zahlt. Das bekannte Argument für die innerbetriebliche Leistungsverrechnung lautet: »Wir müssen zur Steuerung des Unternehmens wissen, wie profitabel die einzelnen Teile (Landesgesellschaften, Geschäftsbereiche etc.) sind.« Wenn das erforderlich ist, empfehlen wir eine maximal *einfache* Logik der Zuordnung von Aufwänden und Erträgen. Näherungswerte, anstatt Scheingenauigkeiten zu produzieren, reichen aus.

Die Neugestaltung der Prozesslandschaft im obigen Unternehmensbeispiel folgte im Wesentlichen dieser Checkliste:

CHECK: PROZESSLANDSCHAFT REDUZIEREN

- Auf welche Prozesse können wir gänzlich verzichten, weil sie keinen wesentlichen Wertbeitrag liefern? (Leitfrage: Was würde passieren, wenn es den Prozess XYZ nicht gäbe?)
- Welche Prozesse können wir vereinfachen und wodurch?
- Haben wir die Kundensicht in unseren Prozessen ausreichend berücksichtigt?
- Wollen wir auf unsere innerbetrieblichen Leistungsverrechnungen verzichten? Falls nicht, wie sieht ein maximal einfaches Verfahren aus?

Zweitens: Abläufe in cross-funktionale Teams verlagern
In Zeiten des Organigramms und der strikten Linienorganisation versuchten Unternehmen, in »RACI«-Matrizen abzubilden, wer für welchen Prozessschritt verantwortlich (R = Responsible) und rechenschaftspflichtig (A = Accountable) ist sowie zur Beratung herangezogen (C = Consulted) und informiert (I = Informed) werden muss. Diese Matrix funktioniert in funktional gegliederten Linienorganisationen mehr schlecht als recht. Allein der Aufwand zur Erstellung solcher Matrizen steht in keinem Verhältnis zum Verfallsdatum.

Heute und morgen könnt ihr Zusammenarbeit – und nichts anderes sind Prozesse – in cross-funktionale Teams verlagern oder gelingende Zusammenarbeit zwischen Teams sicherstellen.

Unternehmensbeispiel: Ein global aufgestellter Spezialmaschinenhersteller mit großen, ebenfalls global aufgestellten Kunden im Pharmabereich (»Key Accounts«) hat sich entschieden, die Abläufe auf die Key Accounts hin auszurichten.

Im Zentrum der neu gestalteten Abläufe steht ein cross-funktionales Team aus Vertrieb, Produktion, Controlling und Produktmanagement. Geleitet wird das Team von einer Führungskraft aus dem Bereich Vertriebsinnendienst. Alle Beteiligten sind, von der ersten Kundenansprache bis zur Auslieferung des Produkts, Teil des Teams.

Auf diese Weise stellt das Unternehmen sicher, dass nicht – wie früher – der Vertrieb dem Kunden das Blaue vom Himmel verspricht in puncto Lieferzeiten und Preis, das Vorhaben der Produktion »über den Zaun schmeißt« und die sich fragt, wie das unter den bereits vertraglich mit dem Kunden vereinbarten Bedingungen zu leisten sein soll. Die Produktion sitzt nun mit am oder mindestens direkt hinter dem Tisch, wenn die Bedingungen mit dem Kunden verhandelt werden. Sie nimmt Einfluss auf die Vertragsgestaltung im Sinne der operativen Machbarkeit. ■

Die nachstehende Abbildung zeigt den neuen Ablauf, wobei sich alle Schritte innerhalb des cross-funktionalen Kundenteams abspielen.

Neue Zusammenarbeit in cross-funktionalem Kundenteam. Unternehmensbeispiel.

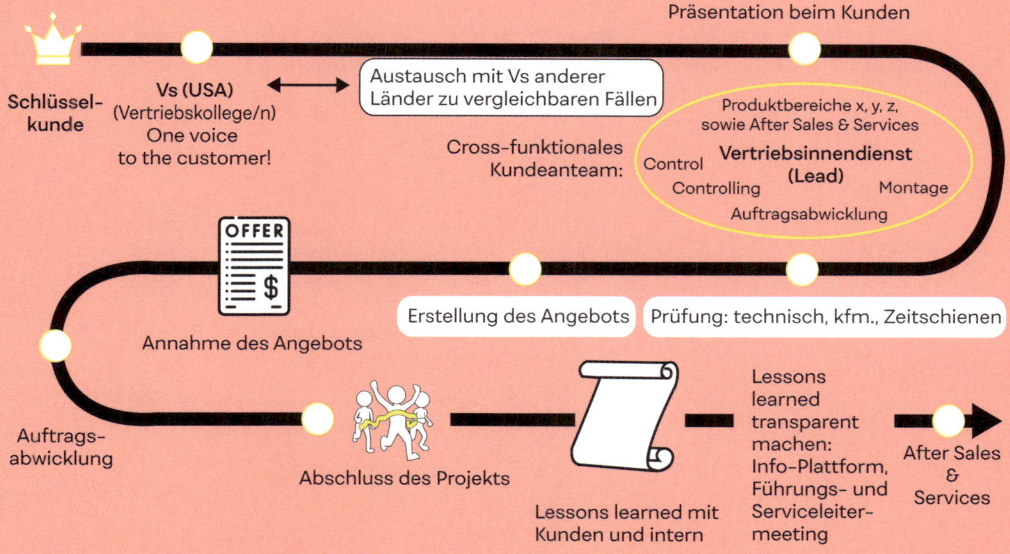

Drittens:
Verstärkt intelligente Algorithmen für Standardabläufe einsetzen
Intelligente Algorithmen verändern die Art und Weise fundamental, wie ihr Abläufe gestalten werdet. Schauen wir uns an, wie Amazon schon seit Längerem die Verkäufer steuert, die auf seiner Plattform ihre Produkte anbieten.

Unternehmensbeispiel: Algorithmisierung von operativen Prozessen bei Amazon

Amazon nutzt digitale Netzwerke und künstliche Intelligenz, um operative Prozesse zu nahezu null Grenzkosten mit Marktchancen durch das Sammeln von Daten zu verbinden. Das Unternehmen steuert die Anbieter auf seiner Plattform über eine AI Factory. Diese sammelt, analysiert, bereinigt große Datenmengen, entwickelt skalierbare und effiziente KI-Modelle und integriert sich in andere Systeme des Unternehmens für Echtzeit-Optimierung, Betrieb, Logistik und Kundenservice. Die nachfolgende Abbildung gibt einen Eindruck.

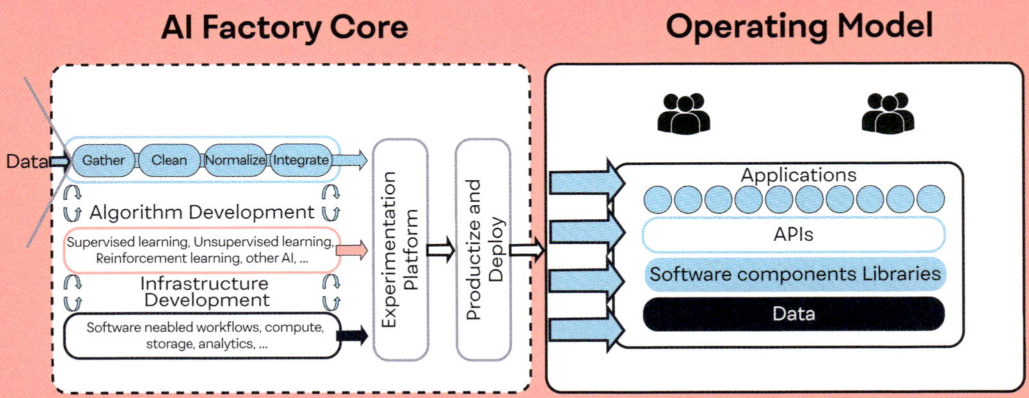

Algorithmisierung von operativen Prozessen bei Amazon (Iansiti/Lakhani)

Die »Experimentation Platform« und das »Productize and Deploy«-Framework arbeiten zusammen, um Innovationen effizient zu entwickeln, zu testen und bereitzustellen. Die »Experimentation Platform« ermöglicht es, Hypothesen zu neuen Funktionen und Produkten durch A/B-Tests zu validieren und datengetriebene Entscheidungen zu treffen. Das »Productize and Deploy«-Framework wandelt erfolgreiche Experimente in marktfähige Produkte um, sorgt für deren automatisierte Bereitstellung und überwacht kontinuierlich deren Leistung im Markt, um weitere Optimierungen vorzunehmen. Diese enge Zusammenarbeit ermöglicht es Amazon, kontinuierlich Innovationen zu entwickeln und effizient in den Markt zu bringen.

Eine solche Ausrichtung erfordert neben einer klaren Idee, technologischer Expertise und Ressourcen vor allem eins: Konsequenz in der Umsetzung. Und an der hapert es bei vielen Unternehmen – nicht so bei Amazon. Jeff Bezos, Gründer und CEO von Amazon, hat das zu Beginn der Einführung mit einer E-Mail klargemacht. Man könnte auch sagen, autoritär durchgedrückt: »All teams will henceforth expose their data and functionality through service interfaces. Teams must communicate with each other through these interfaces. There will be no other form of inter-process communication allowed: no direct linking, no direct reads of another team's data store, no shared-memory model, no back-doors whatsoever. The only communication allowed is via service interface calls over the network. It doesn't matter what technology they use. All service interfaces, without exception, must be designed from the ground up to be externalizable. That is to say, the team must plan and design to be able to expose the interface to developers in the outside world. No exceptions. Anyone who doesn't do this will be fired. Thank you. Have a nice day!« Jeff Bezos (2002)

Was Bezos verstanden hat, ist, dass intelligent automatisierte Abläufe einen rasanten Vorsprung in Geschwindigkeit und Effizienz gegenüber traditionell mit Prozessen und Silos arbeitenden Unternehmen erzeugen. Heute, über 20 Jahre später, wissen wir: Diese Hypothese ist aufgegangen. Während traditionelle Unternehmen in ihrer eigenen Prozessbürokratie erstickt sind und stagnieren, haben sich technologieaffine Unternehmen früh deutlich absetzen können. ■

Viertens:
Exzellente Fach- und Führungskräfte statt überbordende Bürokratie
NETFLIX beschreibt seinen Weg, wie überbordende Bürokratie durch Prozesse bei schnellem Wachstum verhindert werden kann, wie folgt.

Unternehmensbeispiel: Wie NETFLIX schnelles Wachstum meistert, ohne Bürokratie zu steigern

Reed Hastings gründete NETFLIX 1997 als Wettbewerber der stationären Niederlassungen von Blockbustern für die Ausleihe von Filmen. Früh begann NETFLIX mit dem Versand von Filmen nach E-Mail-Bestellung. Mit der Verbreitung des Internets führte NETFLIX als erster Anbieter das Streaming ein. Heute ist NETFLIX zudem einer der größten Eigenproduzenten von Filmen, die über ihre Plattform angeboten werden. NETFLIX hatte 20 Jahre nach Gründung 127 Millionen Abonnenten bei einem Umsatz von knapp 15 Milliarden USD (2018), Ende 2023 waren es 260 Millionen Abonnenten bei rund 23 Milliarden USD Umsatz (2024).

Hastings erkannte die in schnellem Wachstum liegende Gefahr steigender Komplexität durch die Einführung von Prozessen, die viele neu hinzukommende Mitarbeiter in bestehende Arbeitsabläufe zu integrieren versuchen. Er erkannte auch die Gefahr, dass anwachsende Bürokratie Menschen anzieht, die vordringlich Sicherheit und klar abgegrenzte Arbeitsbereiche suchen und damit tendenziell weniger an das Ganze denkende und in Unsicherheit Verantwortung übernehmende Leistungsträger sind. Seine Rezepte dagegen:

- sich auf wenige große Produkte und Lösungen fokussieren, statt viele kleine anzubieten;
- Effizienzsteigerungen vermeiden, die vordergründig Optimierung versprechen, im Kern aber Komplexität und Starrheit erhöhen;
- Freiheitsgrade der Mitarbeiter mit steigendem Wachstum erhöhen, statt sie durch einengende Prozesse zu begrenzen;
- exzellente, selbstständig denkende und sich mit dem Unternehmen identifizierende Mitarbeiter gewinnen und halten;
- diese durch Handlungsfreiraum, Leistungskultur und gute Gehälter incentivieren.

Beispiele für die Minimierung von Bürokratie sind NETFLIX' Reisekosten und Spesenordnung: »Agiere stets im Interesse von NETFLIX und gebe nicht mehr aus, als du es auch für dich privat zahlen würdest.« Oder die Nutzung von Diensthandys oder Büromaterial für private Zwecke: »Nimm es dir von NETFLIX dann, wenn es im Sinne des Unternehmens ineffizient wäre, es nicht zu tun.« Reed Hastings hat sein Amt als CEO im Januar 2023 gegen das des Aufsichtsratsvorsitzenden eingetauscht. Bis dahin war es seine vordringliche Aufgabe, Bewerbergespräche zu führen und Menschen einzustellen. ■

Diese vier Wege, Prozesse neu zu denken und zu begreifen, zeigen einen weiteren Weg auf, wie die eingangs des Kapitels geschilderten schädlichen Auswirkungen einer Matrixorganisation abgemildert werden können.

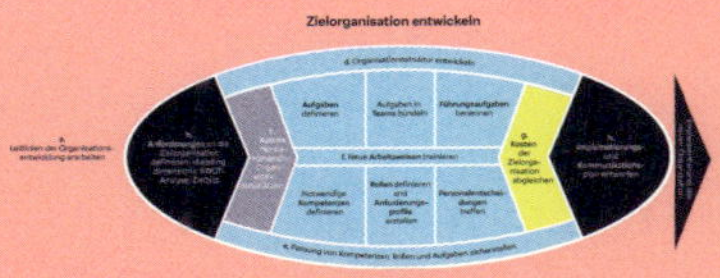

KOSTEN DER ZIELORGANISATION ABGLEICHEN

Eine auf die Umsetzung der Strategie ausgerichtete Organisation, eine bessere Zusammenarbeit und Interaktion innerhalb und zwischen Teams und damit verbundene konsequente Personalentscheidungen zeigen sich darin, dass die Kosten der Zielorganisation geringer ausfallen als die in der bestehenden Organisation. Durch von einer dysfunktionalen Organisation, von Redundanzen, schlechter Führung und einer ineffektiven und ineffizienten Meetingkultur verursachte Transaktionskosten sollten der Vergangenheit angehören. Das ist der Moment, in dem ihr die Kostenbasis der bestehenden Organisation heranzieht und die Kosten einander gegenüberstellt. Der Fokus liegt auf Personal-, Infrastruktur und sonstigen Betriebskosten. Nicht damit erfasst ist, in welchen nichtmonetären Bereichen sich die neue Organisation positiv auswirken könnte, beispielsweise in erhöhter Kundenzufriedenheit, schnellerer Markteinführung der Produkte (Time to Market), gesteigerter Innovationsfähigkeit, erfolgreicherer Mitarbeitergewinnung und -bindung.

Es versteht sich, dass auf dem Weg zum Zielbild gesonderte Einmalkosten anfallen – in Form einer Neugewinnung von Kompetenzen, Weiterbildungs- und Trainingskosten, gegebenenfalls externe Begleitung der Transformation, Investitionen in digitale Infrastruktur und Systeme. Wir empfehlen, diese Kosten in einem Transformationsbudget gesondert zu kalkulieren, zu erfassen und vom Kostenvergleich zu trennen.

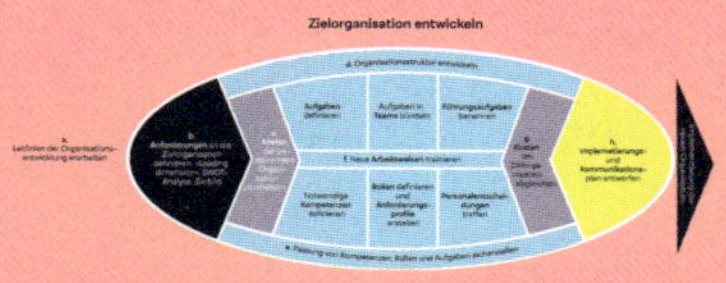

UMSETZUNGS- UND KOMMUNIKATIONSPLAN ENTWERFEN

Wie gesagt: Eine Neuorganisation stellt einen tiefen Einschnitt in die DNA eines Unternehmens dar. Umsetzung und Kommunikation bedürfen daher besonderer Sorgfalt.

PLAY: SORGFÄLTIGE INFORMATION UND KOMMUNIKATION DES ORGANISATIONSPROZESSES

Dazu gehören:

- Zielorganisation im Verlauf der Konzeptionsphase laufend mit den Gesellschaftern und **AUFSICHTSGREMIEN** des Unternehmens abstimmen;
- im Laufe der Konzeption eine wachsende Anzahl von später für die Umsetzung verantwortlichen Führungskräften und Multiplikatoren einbeziehen (Prinzip der **MITAUTORENSCHAFT**);
- **BETRIEBSRAT** vorzeitig informieren;
- die Arbeit an der Umsetzung der Strategie, die auch Anpassungen der Organisation erfordert, gegenüber **ALLEN MITARBEITERN** frühzeitig ankündigen;
- diejenigen Mitarbeiter und Führungskräfte vorzeitig persönlich informieren, die in der Zielorganisation eine **SCHLÜSSELFUNKTION** oder eine gänzlich andere Aufgabe als in der bestehenden Organisation wahrnehmen werden;
- einen ambitionierten, aber nicht unrealistischen festen Termin für das »**GO LIVE**« der neuen Organisation setzen.

Eine Phase der Unsicherheit in der Organisation angesichts solcher Transformationsprozesse ist unvermeidlich; anderes zu behaupten, ist unrealistisch. Die Unsicherheit abmildern könnt ihr dadurch, dass ihr verlässliche und regelmäßige Termine in Form von Townhall-Meetings oder Videokonferenzen setzt. Ansonsten solltet ihr strikte Vertraulichkeit in dem Projektteam verabreden, das die Zielorganisation konzipiert.

An einem klassischen Projektplan, zum Beispiel in Excel mit Aktions- und Zeitschienen, führt kein Weg vorbei.

Erfolgsentscheidend für eine überzeugende Kommunikation ist eine einfache klare Botschaft zu dem »Warum?« der Organisationsveränderung. Das Warum leitet sich aus der Strategie ab. Zwei Beispiele:

Unternehmensbeispiele: Das Warum einer organisatorischen Veränderung erläutern

Stärkung der Regionalstruktur bei gleichzeitigem Abbau der Befugnisse in der Zentrale
»... Wir sind in den vergangenen zehn Jahren erfolgreich gewachsen. Nun realisieren wir, dass unsere Kernmärkte in Europa nicht mehr die Wachstumstreiber der Zukunft sind. Die Regionen Mittel- und Osteuropa sowie Asien sind hingegen Märkte, in denen unsere Produkte perspektivisch nachgefragt sind. Wir haben uns daher entschlossen, diese beiden Regionen verstärkt in den Blick zu nehmen. Wir wollen den dortigen Vertrieb stärken und es seiner besseren Marktkenntnis überlassen, welche Produkte und Services er in den Markt bringt. Fortan wird nicht mehr die deutsche Zentrale Vorgaben machen, sondern die Regionen die Anforderungen an diese stellen. Das bedeutet unter anderem, dass wir das Produktmanagement, Servicefunktionen und Innovationsbereiche in unsere Wachstumsregionen verlagern ...«

Verlagerung der Produktion aus Deutschland nach Osteuropa
»... Seit einiger Zeit realisieren wir, dass unsere Marge deutlich abnimmt und damit auf Dauer der Fortbestand unseres Unternehmens gefährdet sein könnte. Unsere Produkte drohen wegen der höheren

Produktionskosten ihre Wettbewerbsfähigkeit zu verlieren. Um unsere Arbeitsplätze langfristig zu sichern, haben wir uns entschlossen, die zentrale deutsche Produktion deutlich zu reduzieren und stattdessen eine größere Produktion in unserem Nachbarland Tschechien aufzubauen. Dort sind Material- und Personalkosten deutlich günstiger. Unseren Standort in Deutschland werden wir reduziert beibehalten und uns hier auf die Entwicklung und Produktion von technischen Innovationen konzentrieren …«

In beiden Fällen sollte die Kommunikation enden mit: »Wir werden uns bis zum [Datum] mit jedem Mitarbeitenden zusammensetzen und eine einvernehmliche Vereinbarung erarbeiten. Bitte nutzt den nachstehenden Link, um einen Termin zu diesem Thema mit eurer Führungskraft und der Personalabteilung zu vereinbaren.« ■

Gefolgt von dazu passenden Erläuterungen, die ebenfalls in einfacher Sprache das Zielbild der Organisation und die wichtigsten anstehenden organisatorischen Veränderungen beschreiben:

Ausschnitte einer gelungenen Kommunikation organisatorischer Veränderungen

TIPPS FÜR DEN WEG

Captain Kirk schaut zufrieden auf sein Glas Finagle's Folly.
Er überlegt, was das Team in den letzten Wochen erreicht hat:

- Wir haben ein gemeinsames Verständnis hergestellt, was die Organisation Enterprise leisten soll.
- Die Anforderungen an Brücke und Mannschaft sind definiert. So klar, wie es heute eben nur möglich ist.
- Sogar über die Zusammenarbeit der einzelnen Sektionen herrscht Transparenz. Ein Novum auf der Enterprise.

»Leutnant Uhura, wir können recht zufrieden sein? Oder haben wir einen Aspekt für eine effektive Zusammenarbeit an Bord noch nicht beachtet?«
»Das war bisher gute Arbeit Captain. Aber ein Punkt fehlt noch, damit jeder Einzelne an Bord handlungssicher wird: Der Zusammenarbeit in den Teams sollten wir besondere Beachtung schenken.«

Scottie bekräftigt: »Recht haben Sie! Um schnelle Entscheidungen treffen zu können, die Resilienz der Menschen hochzuhalten und an unserer Unsicherheitskompetenz zu arbeiten, sollten wir allen Crewmitgliedern mit den notwendigen Mitteln zur Seite stehen, die sie benötigen.«

»... und gleichzeitig sollte uns klar sein, dass es bei diesem Schritt stark auf die Selbstführung und Eigenverantwortung jedes Einzelnen ankommt. Wir arbeiten hier schließlich mit Erwachsenen, nicht mit einem pädagogischen Auftrag«, stellt Captain Kirk mit strenger Miene fest.

»Dann lasst uns schauen, was es braucht«, lächelt Uhura milde.
»Unsere Crew hat dazu ein bewährtes Vorgehen entwickelt ...«

In diesem Abschnitt geben wir Hilfestellungen, mit denen neu gebildete oder mit neuen Aufgaben versehene Teams in einer Organisation schnell ihren Platz finden und dauerhaft eine starke Teamleistung sichern. Bei allen Tipps ist eine externe Moderation hilfreich bis unverzichtbar.

AUFGABEN IM TEAM PRIORISIEREN

Eine aktivierende Möglichkeit, um aus endlosen Debatten über Priorisierungen von Initiativen oder Aufgaben auszubrechen, ist die Priorisierungstechnik »Buy a Feature«.

PLAY: INITIATIVEN ODER AUFGABEN ÜBER »BUY A FEATURE« PRIORISIEREN

Ursprünglich wurde diese Methode von Luke Hohmann entwickelt, um Produktmanagern zu helfen, die Probleme von Nutzern besser zu verstehen und die richtigen Lösungen zu entwickeln. »Buy a Feature« hilft, den Wert einer Initiative und deren Bedeutung für das Erreichen der gemeinsamen Ziele zu verstehen. Auf diese Weise kann sichergestellt werden, dass der Fokus des Teams auf priorisierten Initiativen liegt. Die Methode kann zum Beispiel für Produktverantwortliche (Features), Portfolioverantwortliche (Projektoptionen), Strategieverantwortliche (strategische Optionen), Teams (Ziele) genutzt werden. Wir sprechen der Einfachhalt halber im Folgenden von Initiativen.

Der Ablauf:

- Die Initiativenverantwortliche erstellt eine **LISTE VON INITIATIVEN**. Die Länge der Liste sollte überschaubar gehalten werden. Wählt daher nur die Initiativen aus, bei deren Priorisierung kollaborativer Input benötigt wird (idealerweise nicht mehr als zehn).
- Die Initiativenverantwortliche weist jeder Initiative jeweils einen **PREIS** zu. Den Preis könnt ihr auf Grundlage der relativen Entwick-

lungskosten, auf Grundlage von Komplexität, Risiko, erforderlichem Aufwand oder einer beliebigen Kombination dieser Faktoren festlegen. Die Preise können beispielsweise zwischen 100 EUR und 1000 EUR betragen. Mindestens eine Initiative auf der Liste sollte so teuer sein, dass nachher kein einzelner Teilnehmer genug Spielgeld hat, um diese zu kaufen. Das ermuntert die Teilnehmer dazu, gemeinsam in Initiativen zu investieren.

- Beteiligt nun die wichtigsten **INTERESSENGRUPPEN**. Das können beispielsweise Kunden, Teammitglieder, wichtige Vertreter von Schnittstellenbereichen oder Führungskräfte sein. Begrenzt auch hier die Teilnehmerzahl, idealerweise auf nicht mehr als zehn bis maximal 15.

- Nachdem ihr eure Teilnehmergruppe zusammengestellt und ihnen die Dinge auf der Liste erklärt habt, könnt ihr jedem Teilnehmer einen festen Betrag an **SPIELGELD** aushändigen und »zum Einkaufen« schicken. Mit diesem Geld kann der Teilnehmer die von ihm bevorzugten Initiativen »kaufen«. Die Anzahl der Coins pro Person sollte begrenzt sein (auf etwa 50 bis 60 Prozent der Gesamtkosten aller Initiativen), um nicht alles kaufen zu können – die Übung dient schließlich der Priorisierung.

- Der nun beginnende **EINKAUF** liefert Hinweise, welche Elemente eurer Initiative welchen Wert »am Markt« haben – und warum. Ihr dürft in dieser Phase auch an der Diskussion teilnehmen, beispielsweise wenn sie sich festgefahren hat. Auf die Priorisierung solltet ihr aber keinen Einfluss nehmen.

- Nachdem alle nun ihr Geld gesetzt haben, sollten alle Teilnehmer am Ende ihre **ENTSCHEIDUNGEN ERLÄUTERN**. Warum wurde welche Initiative gekauft und nicht eine andere? Warum haben Teilnehmer 1 und 3 entschieden, auf den Kauf der anderen Initiativen zu verzichten, der für sie zunächst attraktiv war, um dann aber zusammen mit Teilnehmer 5 in die teuerste Initiative zu investieren? Welche Überlegungen trieben sie an? Haltet diese auf einem Flipchart fest.

Das Buy-a-Feature-Modell generiert eine Priorisierung der Reihenfolge, in der ihr die Initiativen angehen könnt. Initiativen, die mehr Ressourcen erhalten (etwa das meiste Spielgeld), gelten als Elemente mit höherer Priorität. Die Ergebnisse spiegeln kollektive Präferenzen der Stakeholder und Ressourcenbeschränkungen wider. Nach dieser Präferenzordnung könnt ihr eure Liste nun ordnen. Sie ist damit priorisiert.

TEAMPHASEN ABGLEICHEN

Jedes Team durchlebt wiederkehrende Phasen:

- **ORIENTIERUNGSPHASE:** In allem Anfang wohnt ein Zauber inne. Mit großen Erwartungen, Höflichkeit und Neugier startet das Team mit der Zusammenarbeit.
- **KONFLIKTPHASE:** Der Clash mit der Realität. Die ersten Konflikte untereinander und mit den Aufgaben tauchen auf, es bilden sich Koalitionen.
- **NORMIERUNGSPHASE:** Der Ruf nach Regeln und Ordnung. Das Team klärt Arbeitsaufträge, gibt sich Teamregeln, lernt, Eigenarten von Teammitgliedern zu akzeptieren. Die Kommunikation wird offener.
- **HOCHLEISTUNGSPHASE:** Wir sind im Flow. Zwischenmenschliche Beziehungen sind geklärt. Es besteht psychologische Sicherheit (mehr dazu im Führungskapitel). Das Team arbeitet konstruktiv miteinander.
- **ERMATTUNGSPHASE:** Routine birgt die Gefahr der Gleichgültigkeit. Das Team wird nachlässig im Umgang miteinander. Mit den Regeln nimmt das Team es nicht mehr ganz genau.

PLAY: GEMEINSAMES VERSTÄNDNIS ÜBER TEAMPHASEN ERREICHEN

Wenige Wochen nach der Bildung des Teams könnt ihr kurz innehalten und jedes Mitglied bitten, individuell einzutragen, an welchem Punkt ihr als Team ihrer/seiner Ansicht nach steht.

Individuelle Einschätzung der Teamphase

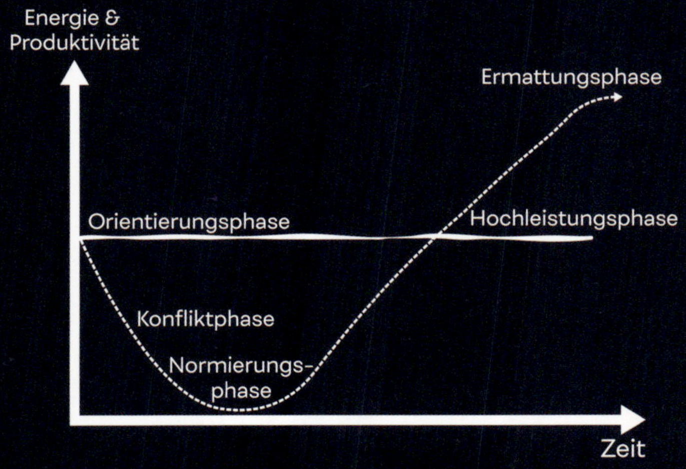

Dann legt ihr eure Einschätzungen offen und diskutiert:

- Wo haben wir voneinander abweichende Einschätzungen, wo wir als Team stehen?
- Was sind die Gründe für die individuelle Einschätzung?
- Können wir uns am Ende auf einen gemeinsamen Status verständigen? Welchen?

Diese Übung bildet den Ausgangspunkt für die nachfolgenden Tipps.

TEAMREGELN ERARBEITEN UND MESSEN

In der Normierungsphase könnt ihr Regeln der Zusammenarbeit erarbeiten.

PLAY: TEAMREGELN ERARBEITEN UND MESSEN

Jeder fragt sich zunächst individuell:

- Was ist mir wichtig in der Zusammenarbeit im Team? Was brauche ich?
- Was bin ich bereit, zu geben? Was braucht die Organisation vom Team?
- Was bin ich bereit, beizutragen?

Aus den Antworten auf diese drei Fragen könnt ihr Regeln zusammenfassen. Hier ein Beispiel:

Beispiel für Teamregeln

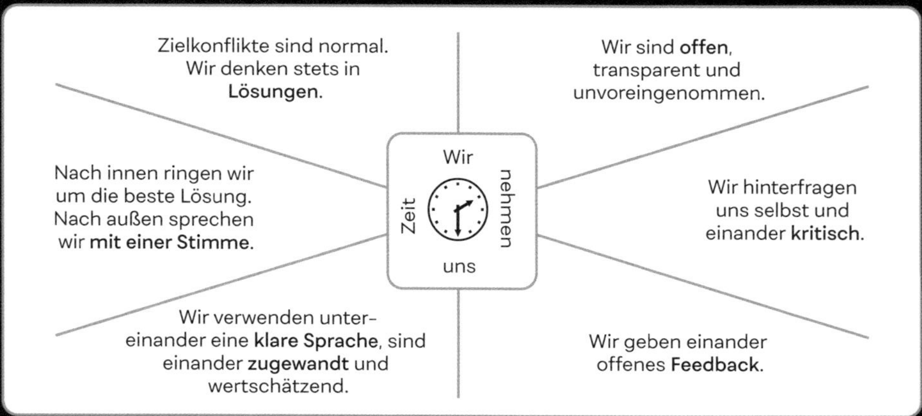

In regelmäßigen Abständen messt ihr die Einhaltung der Regeln, in dem ihr deren Erfüllungsgrad zunächst aus individueller Sicht einschätzt: »Inwieweit setzt dein Team aus deiner Sicht die Regeln der Zusammenarbeit derzeit um: ausgeprägt, vorhanden, schwach, gar nicht?« Diese Umfrage lässt sich digital (zum Beispiel www.mentimeter.com) oder analog auf einem Ausdruck durchführen. Hier ein anderes Beispiel:

Team-Monitor

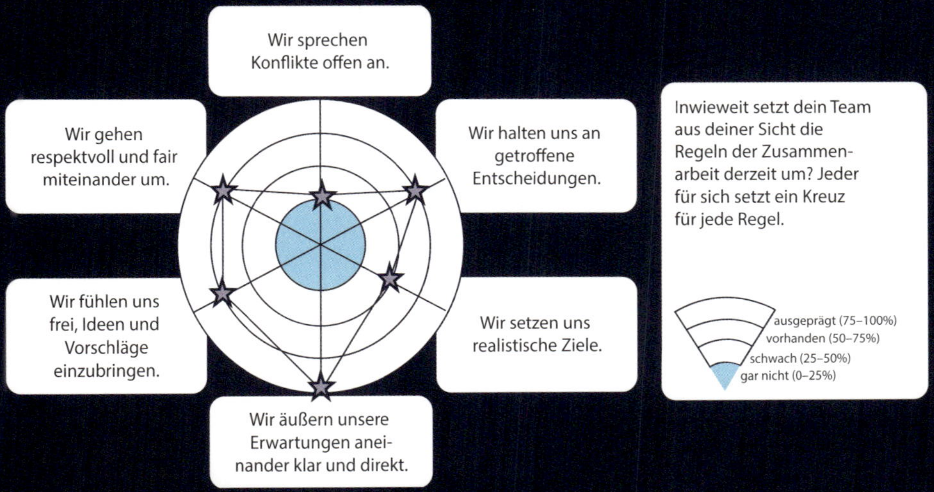

Anschließend tragt ihr die Ergebnisse zusammen und kommt über Abweichungen ins Gespräch. Denkt daran, jede Einschätzung mit konkreten Beispielen aus der Zusammenarbeit der jüngeren Vergangenheit zu belegen. Dieser Dualismus zwischen individueller Einschätzung und gemeinsamer Diskussion über Abweichungen erzeugt den Dialog, den es braucht, um die Leistungsfähigkeit zu erhalten.

TEAMVERTRAG VEREINBAREN

Teamregeln sind ein Bestandteil eines umfassenderen Teamvertrags. Mit dem Teamvertrag bildet ihr ein gemeinsames Verständnis, was das Team leisten soll, was es braucht und was der Zweck des Teams im Kontext von Strategie und Organisation ist.

PLAY:
TEAM CANVAS ERARBEITEN

Einen guten Leitfaden für die systematische Erarbeitung dieser Fragen bietet das »Team Canvas«. Auch dies füllt jeder einzeln aus und teilt danach die Ergebnisse.

Wichtiger als das Ergebnis ist der »Aushandlungsprozess« der Teammitglieder während des Ausfüllens – denn darüber findet eine Verständigung auf eine gemeinsame Perspektive statt.

Team Model Canvas

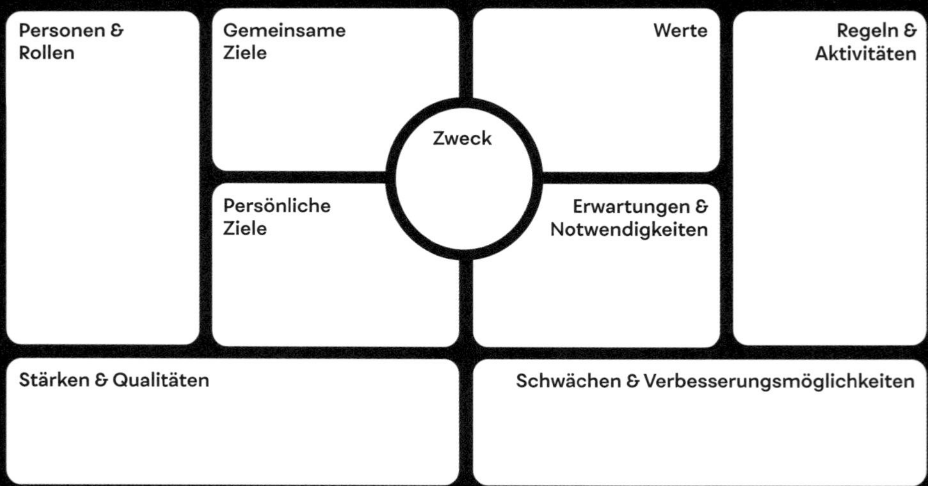

Der Zweck und die gemeinsamen Ziele könnt ihr in den Informationskasten zu eurem Team für alle in der Organisation sichtbar ins Dynamogramm™ übertragen.

RETROSPEKTIVE DURCHFÜHREN

Um sich immer wieder darüber zu vergewissern, wie es um die Zusammenarbeit, den Zusammenhalt und das Vertrauen des Teams bestellt ist, empfiehlt sich die Anwendung einer Retrospektive in regelmäßigen Abständen, zum Beispiel alle zwei bis drei Monate.

PLAY:
RETROSPEKTIVE ZUR TEAMARBEIT

Die Ziele einer Retrospektive sind:

- **HINDERNISSE** bei der gemeinsamen Zielerreichung **IDENTIFIZIEREN** und Maßnahmen zur Beseitigung der Hindernisse entwickeln;
- **KONFLIKTE** oder Unzufriedenheit im Team **ANSPRECHEN** und geeignete Konsequenzen daraus vereinbaren;
- **OFFENE KOMMUNIKATION** und lösungsorientiertes Arbeiten im Team unterstützen.

Das Vorgehen sieht wie folgt aus:

- Jedes Teammitglied schreibt für sich Punkte zu den drei Stichworten auf, was das Team in Bezug auf die Zusammenarbeit ab sofort tun *(start)*, weiterhin tun *(keep)* beziehungsweise nicht mehr tun *(stop)* sollte.
- Jedes Teammitglied hängt seine Punkte still an die vorbereiteten Wände/Poster.

Ergebnis einer Retrospektive

- Die Moderation versteht und sortiert gemeinsam mit dem Team die Karten nach Themen.
- Die Themencluster werden diskutiert: Was ist die Kernaussage? Welche Maßnahmen können wir ableiten? Wer übernimmt die Verantwortung wofür?
- Bei zu vielen Themen setzt das Team zunächst Themenschwerpunkte für die Diskussion, zum Beispiel durch das Kleben von Punkten an die Aussagen.

Nehmt euch Zeit für die Diskussion. Eine bis anderthalb Stunden Dauer einer Retrospektive sind nicht zu viel.

RESONANZRAUM FÜR DIE UMSETZUNGSPHASE SCHAFFEN

Bildet einen Resonanzraum (»Sounding Board«) aus Sparringspartnern, die erfahren in der Umsetzung einer Organisationsveränderung sind. Das können Führungskräfte aus einem befreundeten Unternehmen oder Begleiter sein, denen ihr vertraut.

CHECK: BITTET DIE SPARRINGSPARTNER UM ANTWORTEN:

- »Was waren die Erfolgsfaktoren eines gelungenen Transformationsprozesses?«
- »Was waren Hürden eines Prozesses und wie habt ihr sie überwunden?«
- »Woran seid ihr gescheitert und warum? Wie seid ihr da wieder herausgekommen?«
- »Welche Rolle spielen systemische Maßnahmen bei der Verstetigung der Organisation, zum Beispiel bei der Anpassung von Incentivierungsmodellen? Wozu ratet ihr?«
- »Wie habt ihr sichergestellt, dass ihr die Ziele erreicht, die ihr mit der Transformation der Organisation initiiert habt?«

ESSENTIALS FÜRS LOGBUCH

Captain Kirk legt die Stirn in Falten. Er versucht, die Essenz der Arbeit an der Organisation »Enterprise« prägnant zusammenzufassen. Wie gut, dass er sich dabei auf Mr. Spock mit seinem kühlen, analytischen Kopf und Lt. Uhura mit ihrem scharfen und empathischen Blick für Kommunikation verlassen kann. Gemeinsam notieren sie ins Logbuch der Enterprise:

- **Eine Organisation ist kein Selbstzweck, sondern ein sich ständig verändernder Organismus. Sie bildet die Brücke zwischen der Strategieentwicklung und ihrer Umsetzung.**

- **Die Entwicklung einer Zielorganisation folgt einem klaren Fahrplan: Von der Beschreibung der Anforderungen an die Zielorganisation über das Bündeln von Aufgaben in Teams, die Zuordnung von Kompetenzen zu den Aufgaben, den Abgleich der SOLL-Kompetenzen und -Kosten mit den IST-Kompetenzen und -Kosten bis zur sorgfältigen Entwicklung eines Umsetzungs- und Kommunikationsplans.**

- **Der Ruf nach einem Prozess ist Ausdruck einer Sehnsucht nach Orientierung und Klarheit, die wegen dessen realitätsfernen Perfektionsanspruchs unerfüllt bleiben wird. Prozesse sind Bürokratie- und Komplexitätstreiber und bedürfen einer grundlegenden Generalsanierung.**

- **Die für alle im Unternehmen transparente Organisationsdarstellung sollte nicht mehr das veraltete, ständig von der Wirklichkeit überholte und ein kontraproduktives Zusammenarbeitsverhältnis spiegelnde Organigramm sein.**

- **Wichtiger als eine Organisationsstruktur ist gelingende Zusammenarbeit innerhalb und unter Teams. Daher: Nehmt euch Zeit, die Zusammenarbeit und das Vertrauen von Teamarbeit zu stärken.**

FOKUS III

FÜHRUNG

SCHMIERSTOFF FÜR GELINGENDE ZUSAMMEN-ARBEIT

Commander Spock: »In Kapitel 1 haben wir unser Navigationssystem aufgestellt und es fit gemacht für unbekannte Galaxien. In Kapitel 2 haben wir uns organisiert. Damit haben wir klar Schiff und legen endlich los. Oder müssen wir noch etwas besprechen?«

Dr. McCoy: »Das ist ja alles schön und gut. Aber ob wir den Herausforderungen gewachsen sind, hängt davon ab, wie wir mit unseren 400 Kollegen zusammenarbeiten. Und mit welchem Führungsverständnis wir sie führen. Darüber sollten wir einer Meinung sein, sonst gibt es ein ziemliches Durcheinander. Das kann im Ernstfall lebensbedrohlich für uns werden.«

Spock stöhnt auf: »Sie meinen die weichen Faktoren? Muss das sein?«

Hellhörig geworden, schaltet sich Captain Kirk ein: »Weiche Faktoren? Ich glaube, Bones hat recht. Führung ist kein weicher, sondern ein verdammt harter Erfolgsfaktor für unser Überleben. Wir sollten uns hier auf der Brücke unbedingt verständigen, was wir von unserer Mannschaft erwarten, mit welchem Führungsverständnis wir agieren und wie wir dieses Führungshandeln im Raumschiff durchgängig leben.«

Spock grummelt etwas Unverständliches in seinen nicht vorhandenen Bart und zieht von dannen.

FÜHRUNG? UNSERE OFFIZIERE HABEN DOCH VIEL ERFAHRUNG!

WARUM DIE ENTERPRISE FÜHRUNG BRAUCHT

Captain Kirk denkt nach: »Ich habe mir noch nie wirklich Gedanken gemacht, warum Führung wichtig ist und was eigentlich dazugehört. Höchste Zeit, damit anzufangen!«

Leutnant Uhura: »Captain, Sie wirken ja ganz abwesend. Ist alles in Ordnung?«

»Leutnant, wann habe ich Ihnen das letzte Mal eine Rückmeldung zu Ihrer Arbeit gegeben?«

»Nun, im Grunde genommen …«

Wie überlebenswichtig Führung ist, zeigen die nackten Zahlen.

Erstens beträgt die durchschnittliche Lebensdauer von Unternehmen in Deutschland nur acht bis zehn Jahre. Erschreckend wenig. Eine Betrachtung von 25 000 amerikanischen Unternehmen über die letzten 70 Jahre kommt zum gleichen Ergebnis. Und von den 500 größten Unternehmen 1995 in den USA existierten 2015 nur noch 12 Prozent. Jeff Bezos, der Gründer und CEO von Amazon, der sein Unternehmen 1994 gegründet hat, hat es sinngemäß so auf den Punkt gebracht: »Jedes Geschäftsmodell geht eines Tages ein. Es ist die Aufgabe der Unternehmensführung, diesen Punkt so lange wie möglich hinauszuzögern.«

Zweitens ergibt sich die Relevanz aus den Kosten schlechter Führung, abgeschätzt als Produktivitätseinbußen infolge von Frustrationen, Fehltagen, innerer Kündigung, Doppelarbeiten, Entscheidungsschwäche und vielem mehr. Das Gallup-Institut beziffert diese auf eine Größenordnung von 120 bis 150 Milliarden Euro. Nur in Deutschland.

Jedes Jahr, mit steigender Tendenz. Diese Transaktionskosten stehen in keiner Kostenrechnung. Das macht sie jedoch nicht weniger relevant, im Gegenteil. Insofern: Führung ist nicht irgendein esoterisches Beiwerk für ein netteres Miteinander im Unternehmen, sondern von großer betriebswirtschaftlicher Relevanz – heute schon und zukünftig tendenziell noch stärker.

DER UNTERSCHIED VON FÜHRUNG UND MANAGEMENT

Was ist der Unterschied zwischen Führung und Management? Seit vielen Jahren wird in unzähligen Abhandlungen diese Unterscheidung thematisiert. Auf der einen Seite die Führung von Menschen, auf der anderen das werkzeugbasierte Steuern des Unternehmens. Aus unserer Sicht ist das eine überflüssige Theorieübung.

Zum einen, weil wir *beides* benötigen. Eine Führungskraft im Vertrieb beispielsweise, die sich ausschließlich um ihre Sales Manager kümmert, aber Fragen der Vertriebsstrategie ignoriert und die Verbesserung der zentralen Vertriebsprozesse (etwa den Genehmigungsprozess für neue Projekte) außer Acht lässt, wird scheitern. Ebenso der Operations Manager, der zwar 24/7 mit dem globalen Fertigungsnetzwerk beschäftigt ist, aber die Bedeutung der Frage verkennt, welche Mannschaft dieses Netzwerk zum Leben erwecken kann, wie die heutigen Kompetenzen ausgeprägt sind und welche gegebenenfalls fehlen.

Zum anderen sind die Schnittmengen groß, die Führungs- und Managementaufgaben eng miteinander verwoben. Nehmen wir die bisherigen Themen dieses Playbooks: Strategieentwicklung (Navigieren im Unbekannten, Kapitel 1) würden wir in tradierter Denkweise eher als Managementaufgabe sehen. Jedoch ist die Frage, wie wir den Strategieentwicklungs*prozess* gestalten, Führungsaufgabe pur. In der Definition und Priorisierung von Initiativen der Strategieumsetzung vermischen sich Management- und Führungsaufgaben noch stärker. Genauso bei Organisationsthemen (Die Crew formiert sich, Kapitel 2): Architektur und Operating Model (früher Aufbau- und Ablauforganisation genannt – das waren noch Zeiten!) mögen wir eher den Managementaufgaben zuordnen. Gleichzeitig müssen wir wesentliche Führungsaufgaben mitdenken: Welche Kompetenzen braucht unser Operating Model? Welche haben wir heute schon und welche nicht? Wie gestalten wir die Architektur möglichst durchlässig? Die Liste ließe sich leicht verlängern.

KERNAUFGABEN VON FÜHRUNG

Wenn der Zweck von Führung darin besteht, zur Überlebensfähigkeit des Unternehmens beizutragen, leiten sich hieraus fünf Kernaufgaben von Führung ab: Andere wachsen lassen, Entscheidungen herbeiführen, Zusammenarbeit fördern, Transaktionskosten senken sowie Erhalten und Erneuern balancieren.

ANDERE WACHSEN LASSEN

Wir widmen dieser ersten Führungsaufgabe besonders viel Raum, weil sie nach unserer Überzeugung die wesentlichste Quintessenz von Führung darstellt. Sheryl Sandberg, langjährige Facebook-Managerin (heute Meta Platforms), scheint diese Auffassung zu teilen. Von ihr ist folgendes Zitat übermittelt: »Leadership is about making others better. As a result of your presence that lasts in your absence.«

In diesem Verständnis sorgen erfolgreiche Führungskräfte dafür, dass möglichst viele *andere* aus ihrem Einflussbereich wachsen, vorankommen, mithin Karriere machen. Hierfür schaffen sie eine Umgebung, die durch ein hohes Maß an **PSYCHOLOGISCHER SICHERHEIT** geprägt ist – ein besonders guter Nährboden für persönliches Wachstum.

Das Gleiche gilt, nicht verwunderlich, für Teams. So hat beispielsweise Google in einer breit angelegten Analyse 180 Teams über zwei Jahre untersucht. Kernergebnis: Psychologische Sicherheit ist die wichtigste Grundlage für erfolgreiche Teams. Sie erzeugen ein hohes Maß an Wirksamkeit, ihre Mitglieder zeigen ein gesteigertes Lernverhalten sowie eine positive Arbeitseinstellung und sie weisen ein gesteigertes Potenzial für Innovationen auf.

Natürlich entsteht psychologische Sicherheit nicht durch Ankündigungen oder in einem Einmalakt, sondern ist ein sich stetig weiterentwickelndes Ergebnis eines kontinuierlichen (Verbesserungs-)Prozesses.

CHECK: PSYCHOLOGISCHE SICHERHEIT STÄRKEN

Fragt euch selbst, wie es um die psychologische Sicherheit in eurem Verantwortungsbereich bestellt ist:

- Kenne ich die individuellen Stärken meiner Teammitglieder?
- Setze ich sie so ein, dass ihre jeweiligen Stärken weitestgehend zur Geltung kommen können?
- Beteilige ich meine Mannschaft in ausreichendem Maße an Diskussionen und den dazugehörigen Entscheidungen?
- Frage ich regelmäßig selbst nach Feedback?
- Wertschätze ich Beiträge und den Input meiner Leute angemessen?
- Bin ich in ausreichendem Maße verfügbar, ansprechbar und unterstützend?
- Habe ich ausreichend Vertrauen in die jeweiligen Kompetenzen meiner Teammitglieder?
- Äußere ich Kritik konstruktiv und kritisch?
- Lebe ich Offenheit vor?
- Teile ich eigene Erfahrungen ausreichend?
- Spreche ich über eigene Fehler? Bitte ich in diesen Fällen um Entschuldigung?

Zum letztgenannten Punkt gibt es ein beeindruckendes Beispiel. Der Inhaber und CEO eines Weltmarktführers während der Mitarbeiterversammlung: »Ich persönlich habe deutlich unterschätzt, wie viel Anstrengung die Integration von … [ein zwölf Monate zuvor gekauftes Wettbewerbsunternehmen, Anmerkung der Verfasser] bedeuten würde und wie lange dieser Prozess tatsächlich dauert. Für meine Ungeduld in dieser Sache während der letzten Monate entschuldige ich mich bei Ihnen allen.«

Über tausend Kolleginnen und Kollegen sind in der Werkhalle versammelt. Und doch könnte man in diesem Moment eine Stecknadel fallen hören. Die verpflichtende Kraft, die von dieser einen Aussage ausgeht, können wir gar nicht hoch genug bewerten.

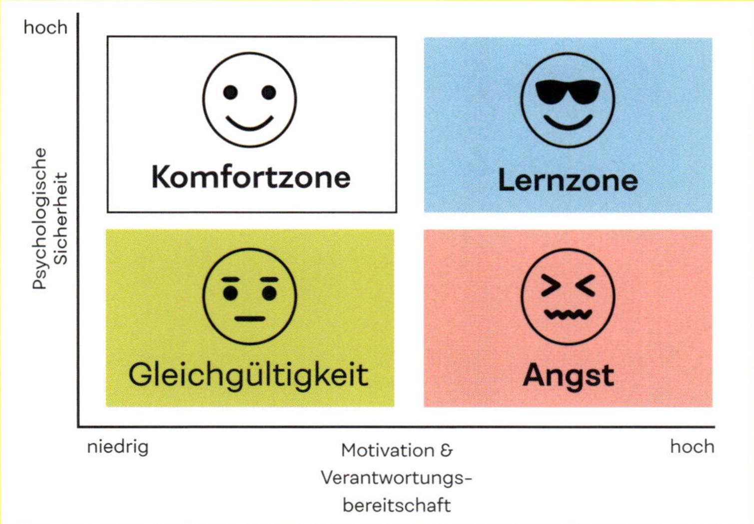

Die Abbildung verdeutlicht, dass es mit psychologischer Sicherheit allein nicht getan ist. Wir würden in unserer Komfortzone verharren und uns nicht weiterentwickeln, mithin nicht wachsen.

> ***Lernen findet dort statt, wo sich hohe psychologische Sicherheit mit hoher MOTIVATION verbindet.***

CHECK: STANDORTBESTIMMUNG IM TEAM ZUR PSYCHOLOGISCHEN SICHERHEIT

Ihr könnt diese Abbildung zum Gegenstand eines Teamtreffens machen und eure Teammitglieder bitten, sich zunächst selbst zu fragen:

- In welchem der vier Felder befinde ich mich aktuell?
- Falls nicht in der Lernzone: Was kann ich kurz- und mittelfristig unternehmen?
- Welche Form von Unterstützung (innerhalb/außerhalb des Unternehmens) benötige ich, um in die Lernzone zu kommen?

Wenn ihr die individuellen Einschätzungen im Anschluss im Plenum teilt, regt ihr damit einen gehaltvollen Diskurs zu Voraussetzungen gelingender Zusammenarbeit an.

Reinhard K. Sprenger hat bereits Anfang der 1990er-Jahre in »Mythos Motivation« als Erster die gängige betriebliche Praxis der Motivierung durch Anreize von außen (»Noch 25 weitere Abschlüsse, dann winkt nächstes Jahr ein fetter Bonus«) entlarvt und von »echter«, von innen kommender, intrinsischer Motivation unterschieden.

Was tun? Wenn wir halbwegs belastbare Aussagen treffen können, was dauerhafte Motivation erzeugt, die auch und gerade bei Gegenwind und in unsicheren Krisenzeiten stabil bleibt, dann kommt sie vornehmlich aus diesen vier Quellen:

PLAY: QUELLEN FÜR MOTIVATION BEACHTEN

SINN: *»Ich weiß, warum.«* Was wir im ersten Kapitel für die Gesamtorganisation beschrieben haben (Unternehmenszweck als Teil der Strategieentwicklung), gilt auch für die tägliche Führungspraxis: *Warum* habe ich diese Entscheidung getroffen? *Warum* müssen wir ein bestimmtes Mitglied des Teams für ein anderes Vorhaben einsetzen? Und so weiter.

AUTONOMIE: *»Ich kann selbst entscheiden.«* Natürlich innerhalb eines bestimmten inhaltlichen und wirtschaftlichen Rahmens. Selbstredend. Aber diesen Rahmen eher weit als eng auszugestalten, ist die hiermit verbundene Führungsaufgabe. Die Praxis zeichnet ein eher düsteres Bild. Wer kennt sie nicht, die Mikromanager, die alles »unter Kontrolle« behalten wollen. Besonders leistungsbereite Menschen schauen sich das eine Weile an. Dann gehen sie. Denn Handlungs- und Gestaltungsmöglichkeiten sind die zweite Quelle für belastbare Motivation.

KOMPETENZ: *»Ich kann meine Aufgaben erfüllen.«* Relevanz für Führung: jeden nach den individuellen Stärken einsetzen (Lernzone!).

VERBUNDENHEIT: *»Ich bin nicht allein.«* Beispielsweise, weil ich mich auf mein Team verlassen kann. Für Führung bedeutet dies, ein warmemotionales Klima zu schaffen, in dem genau diese Verbundenheit, ein Gefühl der Zugehörigkeit (»Belonging«), wachsen kann.

Was haben diese Punkte gemeinsam? Genau: Sie können nicht verordnet oder eingefordert werden. Motivation entwickelt jeder selbst. Als Führungskräfte können wir nicht nachhaltig motivieren – weder mit Geld noch mit guten Worten. Aber wir haben die Möglichkeit und die Verantwortung, mithin die Verpflichtung, über die vier genannten Quellen die Voraussetzungen zu schaffen, dass die Menschen in ihrem Arbeitsumfeld motiviert arbeiten können.

Die auf Martin Seligman zurückgehende Positive Psychologie (Kernfrage: Was befähigt Individuen und Organisation, sich bestmöglich zu entwickeln und aufzublühen?) bestätigt im Wesentlichen diese Motivationsquellen.

Schließlich besteht die dritte und vielleicht grundlegendste Zutat für eine Umgebung, in der wir größtmögliches persönliches Wachstum erwarten können, hierin: **VERTRAUEN**. Unabdingbar.

Was können wir also konkret tun, um in unseren Führungs- und Arbeitsbeziehungen Vertrauen aufzubauen? Wir drücken es einmal so aus:

Vertrauensformel

$$V = \frac{G \times Z \times Z}{E}$$

PLAY: VERTRAUEN SCHAFFEN

G – GLAUBWÜRDIGKEIT. Nur wer glaubwürdig ist, wird Vertrauen in seinen Führungs- und Arbeitsbeziehungen schaffen können. Nun ist auch Glaubwürdigkeit ein schillernder, großer Begriff, der wiederum verschiedene Zutaten benötigt. Die wichtigsten:

- *Fachkenntnis:* Glaubwürdig ist, wer in seinem Themengebiet über nachgewiesene (nicht: in der Zukunft erhoffte) Expertise verfügt. Eine Binsenweisheit. Allerdings glaubt die Mehrheit, hiermit sei es getan. Und die häufig zu beobachtende Rückbesinnung auf die eigene Fachkompetenz mag in Zeiten stabiler Märkte tatsächlich für ein gewisses Mindestmaß an Glaubwürdigkeit ausgereicht haben. Tempi passati. Es kommen mindestens zwei weitere, unerlässliche Faktoren hinzu.

- *Authentizität:* Ohne jeden Hauch von Esoterik: Wir müssen bei dem, *was* wir tun (eigener Aufgaben- und Verantwortungsbereich), *wo* wir uns engagieren (Unternehmen) und *wie* wir die Aufgaben erledigen (unternehmenskulturelle Verfasstheit der Organisation) bei uns sein können. Falls dies dauerhaft nicht gegeben ist, hast du genau drei Optionen: (1) Du änderst die Bedingungen. Je größer dein Einflussbereich und je kleiner die Organisation, desto leichter. Der Umkehrschluss gilt leider auch. (2) Du gehst und bringst deine Kompetenz, Kreativität und Energie an anderer Stelle ein. (3) Du wirst krank.

  Es gibt keine vierte Option.

- Anderen nicht nach dem Mund reden: ein Unternehmensbeispiel zur Illustration.

Unternehmensbeispiel: Eine Sanierung, es ist fünf vor zwölf. Der Vorstandsvorsitzende gefährdet das Vorhaben, im Wesentlichen durch zögerliches Verhalten und fatale Personalentscheidungen. Eine Autorität, Widerspruch unerwünscht (was zum Zustand des Unternehmens entscheidend beigetragen hatte) – moderat formuliert. Was tun?

Zwei Tage später, 20.30 Uhr in seinem Büro. Gut vorbereitet. Unsere Wahrnehmung geteilt und begründet. Die Reaktion mit rotem Kopf, pochender Halsschlagader und rauem Ton: »Wissen Sie was?« Eigener spontaner Gedanke: »Das war's dann ...« »Wissen Sie was? Ich habe seit Ewigkeiten keine so wertvolle Rückmeldung erhalten. Danke.« Mehr nicht.

Die Sanierung gelang, er selbst wurde über Jahre zu einem wichtigen Mentor. ■

Z – ZUVERLÄSSIGKEIT. »Walk the talk«. Wir müssen das, was wir denken, auch sagen und danach handeln. Und, wie Alfred Herrhausen ergänzte: Und das müssen wir dann auch sein. Utopisch, bei all den betrieblichen und äußeren Zwängen? Nein! Die Liste der Ausflüchte ist lang. »Aber es gibt so viele unvorhergesehene Einflüsse, die Änderungen im Handeln nach sich ziehen.« Ach was. Dann gehen wir zum Äußersten und reden miteinander. Begründen das »Warum« einer Kurskorrektur. Und zwar so zeitnah wie möglich und in einer Sprache, die verständlich, einfach, auf dem Punkt ist.

Z – ZEIT. Wer vertrauensbasierte Beziehungen zu seinen Kunden erwartet, sich dort aber kaum blicken lässt, ist auf dem Holzweg. Das Gleiche gilt für meine Kollegen. Die neue Mixtur aus physischer Präsenz und virtuellen Dialogen macht diesen Faktor noch wichtiger.

E – EGO. Wer Ego-Shows abzieht, seine eigenen Interessen über die der Gruppe oder des gesamten Unternehmens stellt, wird Vertrauen zerstören.

Genau wie bei der Motivation gilt auch hier: Vertrauen kann nicht eingefordert werden. Es entsteht. Schrittweise. Über die Zeit. Und bewährt sich gerade im Fall von Krisen, nicht, wenn die Erfolge wie von selbst sprudeln.

CHECK: KONTOSTAND AUF DEM EIGENEN VERTRAUENSKONTO PRÜFEN

Wir regen an, dass ihr regelmäßig über die einzelnen Dimensionen der Vertrauensformel reflektiert:

- Bin ich nach wie vor in ausreichendem Maße offen und lernbereit, um meine fachliche Expertise dauerhaft weiterzuentwickeln? Unternehme ich hierfür genug?

- Bin ich am »richtigen Ort« und kann ich meine Aufgaben im Wesentlichen nach meinen Grundüberzeugungen wahrnehmen?
- Formuliere ich Widerspruch an den Stellen, die ich für wichtig halte?
- Ist mein Handeln verlässlich?
- Verbringe ich ausreichend Zeit mit Kunden?
- Wie stark bin ich für meine Leute greifbar und ansprechbar?
- Nehme ich mich selbst stark genug zurück bei gemeinsamen Kunden- oder Lieferantenterminen? »Schiebe« ich meine Leute ausreichend nach vorne? (Andere wachsen lassen!)
- Teile ich meine erfolgskritischsten Informationen, beispielsweise meine wichtigsten Kundenkontakte und -erfahrungen, ausreichend mit anderen?

Seid ehrlich zu euch selbst. Es ist zu leicht, sämtliche Fragen schnell und unreflektiert zu bejahen. So wie der Inhaber eines Weltmarktführers im Maschinen- und Anlagenbau auf die Frage, ob er seinen Leuten im Homeoffice vertraue: »Aber natürlich. Ich habe damit kein Problem. Aber bitte nicht Freitag plus Montag.«

Andere wachsen lassen – aber wie?

Natürlich gibt es mehrere Wege. Einer der wichtigsten ist Feedback. Provokativ: Die meisten Führungskräfte scheuen sich davor oder haben selbst nie hilfreiche Feedbackgespräche erfahren. Daher:

PLAY: FEEDBACK GEBEN UND NEHMEN

Schritt	Feedbackgeber	Feedbacknehmer	Beispiele
1	Beschreibt einen konkreten Sachverhalt möglichst präzise.	Hört aktiv zu, ohne zu unterbrechen. Klärt allenfalls Verständnisfragen.	»Ich habe beobachtet, dass du während der Besprechung etwa die Hälfte der Zeit an deinen Mails gearbeitet hast.«
2	Beschreibt die Wirkung/Konsequenz der jeweiligen Situation/des Verhaltens.	Öffnet sich für die Perspektive des anderen. Nicht abstreiten, sich verteidigen oder Ausflüchte suchen.	»Ich empfinde das als demotivierend. Ich habe das Gefühl, dass du nicht an dem Thema interessiert bist. Meine Sorge ist, dass du damit das gesamte Projekt gefährdest.«
3	Lotet Übereinstimmung oder Unterschiede in der Wahrnehmung aus.	Signalisiert Übereinstimmung, gegebenenfalls ergänzt um weitere Wahrnehmungsdetails. Bei Unterschieden beschreibt eigene Wahrnehmung so präzise wie möglich – dann zurück zu Schritt 1.	»Aber ich schaffe die vielen Aufgaben nicht mehr!«
4	Eine klare Vereinbarung mit verbindlichem Charakter für die Zukunft vorschlagen.	Zukunftsgerichtet denken und gegebenenfalls zur Vereinbarung beitragen.	»Aus Projekt ABC ziehst du dich zurück und den Kunden König kann Meyerdierks auch allein betreuen.« »Prima. So machen wir das.«

Redet ihr so miteinander im Team und im Unternehmen?

Was in der tabellarischen Darstellung etwas »technisch« erscheinen mag, wird umso natürlicher, je häufiger ihr dieses zentrale Führungsinstrument anwendet. Auch die vier Schritte verschwimmen zunehmend, es wird immer weniger »mechanisch« wirken. Es geht auch explizit nicht darum, ein »perfektes« Feedbackgespräch zu führen (generell: Perfektionismus ist eine der sichersten Anleitungen zum Unglücklichsein!). Sondern anzufangen, zu reflektieren und Schritt für Schritt besser zu werden. Dass es dabei auch Rückschläge gibt, ist normal und sollte euch nicht irritieren.

Allerdings hält sich bei Anlässen für positives Feedback das »Nicht gemeckert ist genug gelobt« immer noch mit bemerkenswerter Hartnäckigkeit. Und bei kritischem Feedback steht die Fehlannahme »Das kann ich Müller doch nicht zumuten« im Wege. Die eigentliche Zumutung besteht darin, dass diese Form von Rückkopplung, das gemeinsame Reflektieren, ausbleibt.

Feedback ist ein Geschenk. Verteilt es!

Regelmäßig. Schafft aber bitte vorher eine wichtige Voraussetzung: Stellt sicher, dass Mitarbeiter vorher in Feedback geschult werden. Und zwar nicht nur im Feedbackgeben – sondern, genauso wichtig, im Feedbacknehmen.

CHECK: FEEDBACKGESPRÄCH VORBEREITEN UND HANDWERKLICH GUT FÜHREN

- Elementar: Führt das Feedbackgespräch so **ZEITNAH** wie möglich. Häufig im direkten Anschluss an die jeweilige Begebenheit. Wenn es besonders kritisch werden kann, ist eine Nacht darüber schlafen eine gute Idee. Länger nicht. Niemand kann sich erinnern, wie der konkrete Sachverhalt vor drei Wochen oder zwei Monaten war.

- In der Regel ein **PERSÖNLICHES GESPRÄCH FÜHREN**. In sehr reifen Arbeitsbeziehungen kann es telefonisch funktionieren. Und die Servicemonteure in Alaska? Nun, das Videogespräch ist ein guter Kompromiss (mehr dazu im Abschnitt »Führen auf Distanz«).

- Abklären, ob der **ZEITPUNKT** für beide Gesprächspartner passt. Nicht »zwischen Tür und Angel«, wenn einer mental bereits im Folgetermin (Meetings!) ist.

- **VORBEREITUNG:** (1) Was ist meine Kernbotschaft? (2) Wie kann ich die Situation möglichst präzise beschreiben? (3) Was ist eine sinnvolle Verabredung für die Zukunft?

- Zu Beginn den Charakter des Gesprächs klarstellen: eine **GEMEINSAME REFLEXION** zu genau einem konkreten Sachverhalt. Keine Einbahnstraße. Es geht um **ENTWICKLUNG**, nicht »abkanzeln«. Bewusst wiederholt: Feedback ist ein Geschenk.

- **PRÄZISE** sein und **KLARTEXT** reden: Mit unaufgeregter Klarheit den jeweiligen Sachverhalt beschreiben. Nicht um den heißen Brei herumreden. Ein weitverbreiteter Irrtum: Man müsse bei kritischem Feedback erst einmal positive Punkte nennen (die sogenannte »Sandwich-Methode«). Die Gefahr ist groß, dass der Feedbacknehmer nach dem positiven Einstieg die eigentliche Botschaft gar nicht mehr ausreichend wahrnimmt.

- Aus der **EIGENEN PERSPEKTIVE** formulieren (»Ich habe wahrgenommen, dass ...«). Niemand hat die Wahrheiten für sich selbst gepachtet.

- **EMOTIONEN** zulassen. Sie verdeutlichen, dass das Thema wichtig ist, den Beteiligten am Herzen liegt. Selbstverständlich hat dies Grenzen, niemand sollte die Selbstkontrolle verlieren.

ENTSCHEIDUNGEN HERBEIFÜHREN

»Feedback und Emotionen«? Commander Spock hat seine liebe Mühe, zu folgen. Und doch: »Ich merke: Es hilft auch mir, von Ihnen, Captain Kirk, ein Feedback zu erhalten. Das kann mich nur besser machen.« Leutnant Hikaru Sulu hört gebannt zu. Kirk ist nicht entgangen, dass Sulu eine Frage auf den Nägeln brennt: »Was beschäftigt Sie, Leutnant Sulu?« »Ich habe die Verantwortung für unseren Kurs im Unbekannten. Ich frage mich die ganze Zeit: Wie können wir gute Entscheidungen treffen? Das hat etwas mit Führung zu tun!«

In der Tat: Entscheidungen treffen stellt die zweite große Führungsaufgabe dar. Um den Wesenskern dieser Aufgabe zu verstehen, ist ein Blick auf die Herkunft des Wortes »entscheiden« hilfreich: Das Lateinische *»cadere« (to decide)* bedeutet »schneiden, abschneiden«. Eine Ent-scheidung sagt also nicht nur, *wofür* ich mich ausgesprochen habe, sondern immer auch *wogegen*. Entscheidungen sind mithin Abwägungen. Immer.

Wonach richtet ihr eure Entscheidungen aus? Ein wichtiger Maßstab und Bezugspunkt sollten unsere Kunden mit ihren Bedürfnissen und Erwartungen sein. Dies ergibt sich sachlogisch aus dem Zweck von Führung: die Wettbewerbsfähigkeit des Unternehmens stärken. Und diese wiederum ergibt sich im Kern aus der Frage, wie gut wir in der Lage sind, Kundenbedürfnisse nachhaltig zu erkennen und zu bedienen. Wer kennt nicht das Bonmot: »Bei uns steht der Kunde im Mittelpunkt. Deswegen steht er ja auch im Weg.« Was witzig daherkommt, entpuppt sich in zahlreichen Unternehmen als Zustandsbeschreibung mit hoher Realitätsnähe.

CHECK: STEHT DER KUNDE IM MITTELPUNKT?

Wirklich? Fragt euch:

- Kennen wir die heutigen Bedürfnisse und Erwartungen unserer Kunden?
- Und die künftigen?
- Inwieweit können wir die unausgesprochenen Bedürfnisse und Erwartungen unserer Kunden artikulieren?
- Wie eindeutig sind unsere geschäftsbestimmenden Abläufe auf unsere Kunden ausgerichtet?
- Haben wir unsere Organisation vom Kunden gedacht und strukturiert?
- Reflektieren wir am Ende von größeren Meetings regelmäßig die Frage, in welchem Ausmaß wir über Fragen diskutiert haben, die für unsere Kunden relevant sind und/oder die unsere Kundenbeziehungen stärken?
- Haben wir »Kunden« als festen Tagesordnungspunkt auf der Agenda unserer regelmäßigen Management-Meetings?
- B2B: Verstehen wir die für unser Geschäft relevanten Geschäftsprozesse der Kunden besser als sie selbst?
- B2B: Haben wir bei unseren Schlüsselkunden eine Position des »Partner of Choice?« Wissen wir, warum dies (nicht) der Fall ist?

Eine sachliche Analyse dieser Fragen wird zeigen, ob das allseitige Gerede von »Kundenorientierung« näher an der Realität oder am Wunschdenken liegt. Gleichzeitig sind Kundenerwartungen nicht alles, natürlich sind Mitarbeitende, Lieferanten und je nach Geschäftsmodell und Größe des Unternehmens auch politische beziehungsweise gesellschaftliche Akteure Bezugspunkte unserer Entscheidungen.

Als Nächstes stellt sich die Frage, *wie* wir eigentlich entscheiden. Insbesondere: Wen bezieht ihr ein? Alle Betroffenen wären optimal im Hinblick auf die Berücksichtigung unterschiedlicher Perspektiven, jedoch inakzeptabel langsam. Insofern bringt auch der *Prozess* der Entscheidungsfindung eine Abwägungsfrage mit sich – im Kern: Perspektivenvielfalt versus Geschwindigkeit.

Die nachstehende Tabelle gibt einen Überblick über die gängigen Entscheidungstypen. Dabei reduziert sich der Entscheidungsspielraum des Einzelnen schrittweise zugunsten des Entscheidungsspielraums der Gruppe. Übrigens: Diese Entscheidungstypen sind nicht gut oder schlecht. Sie sind in bestimmten Situationen funktional und in anderen nicht. Als Führungskraft ist es gut, dass ihr in eurem Unternehmen über eine breite »Klaviatur« verfügt, um Entscheidungen situationsangemessen zu treffen.

Entscheidungstypen und Anwendungsbeispiele:

Entscheidungstyp	Charakteristika	Anwendungsbeispiel
Autokratisch	Einzelner trifft Entscheidung.	Investition in die Produktion am heimischen Standort.
Konsultativer Einzelentscheid	Einzelner trifft Entscheidung, jedoch nach Beratung mit N anderen Personen.	Beendigung der Zusammenarbeit mit einem Dienstleister.
Mehrheit	Die einfache oder qualifizierte Mehrheit der Beteiligten entscheidet.	Auswahl eines Tagungshotels für einen Workshop.
Konsens	Jeder der Beteiligten muss zustimmen.	Einstellung eines neuen Mitarbeitenden.

Dabei können autokratische Entscheidungen, gerade in Familienunternehmen, durchaus im Widerspruch zu den gesammelten Sachargumenten entsprechender Analysen stehen.

Unternehmensbeispiel: Ein Weltmarktführer aus Süddeutschland hat in den vergangenen zwei Jahrzehnten einen beeindruckenden Internationalisierungskurs gemeistert und ist deutlich gewachsen. Der Reifegrad der Auslandsgesellschaften hat sich kontinuierlich entwickelt. Produktionsstandorte befinden sich, neben dem Stammwerk in Deutschland, in Asien sowie Nord- und Südamerika.

Heute ist der deutsche Standort ein Sanierungsfall, im Kern durch Führungsversagen und ein damit verbundenes Scheitern einer ERP-Einführung. Gleichzeitig schreibt die Gruppe Rekordergebnisse.

Der Inhaber wählt, gegen die Empfehlung sämtlicher Kollegen, den Weg massiver Investitionen in das marode deutsche Werk. Zusätzlich wird die Fertigung verschiedener Produkte stärker in eben diesem Werk konzentriert.

Ausschlaggebend für diese Wahl: die emotionale Bindung an den Heimatstandort und die Wurzeln des Unternehmens. ■

Gute Entscheidungen entstehen, wenn wir unterschiedliche Perspektiven einbeziehen und uns am Ende innerhalb des Teams auf einen Lösungsweg verständigen. Und zwar nicht im Sinne des kleinen gemeinsamen Nenners, sondern im Sinne der besten Lösung. Dafür eignet sich die Konsent-Methode.

PLAY: KONSENT-ENTSCHEIDUNGSMETHODE

Nur ein Buchstabe unterscheidet diese Methode vom Konsens, der Unterschied in der Wirkung könnte jedoch größer kaum sein. Die Schritte im Entscheidungsprozess:

- Eine Kollegin macht einen Entscheidungsvorschlag. Ihr regt eine intensive Diskussion zum Entscheidungsvorschlag an. Ihr tauscht Argumente aus.

- Dann folgt die Abstimmung. Die Kollegen haben drei Antwortmöglichkeiten: (1) OK – Ich bin einverstanden, (2) GO – Der Vorschlag deckt sich zwar nicht vollkommen mit meinen Vorstellungen und ich hätte ein paar Details anders entschieden, aber ich kann mitgehen und den Vorschlag unterstützen, (3) KO – Ich habe einen wesentlichen Einwand und kann nicht für den Vorschlag votieren.

- Die »KO-Person« ist nun in der Verantwortung, einen eigenen Vorschlag zu entwickeln, der die zuvor ausgetauschten relevanten Argumente einbezieht und der nach gleichem Verfahren von allen Beteiligten akzeptiert werden kann.

Die Wirksamkeit der Entscheidungsfindung im Konsent-Verfahren entsteht insbesondere durch den dritten Schritt. Ihr kennt sie, die ewigen »Neinsager«, die opponieren um der Opposition willen. Dadurch, dass sie Verantwortung für das Ergebnis übertragen bekommen, reicht Neinsagen nicht mehr aus.

Entscheidungsfindung mit der Konsent-Methode

Schritt 1: Entscheidungsvorschlag vorstellen

- Vorschlag sollte einfach und klar sein und in einem angemessenen Detailierungsgrad formuliert sein, sodass jeder Teilnehmer seine Enschätzung abgeben kann/ggf. mit Beispielen illustrieren.
- Vor Abstimmung werden Verständnisfragen geklärt

Schritt 2: Abstimmen

✓ Entscheidung getroffen

✓ Entscheidung getroffen

✗ weiter zu Schritt 3

Schritt 3: Als »KO-Person«: Entscheidungsvorschlag ändern

- Den Einwand erläutern. Beantworten: Was brauche ich, um keinen schwerwiegenden Einwand mehr zu haben?
- Spontane Ideen können gesammelt werden.
- Einen neuen, gut durchdachten Entscheidungvorschlag entwickeln, von dem wir annehmen, dass er die Zustimmung aller Beteiligten erhalten kann. Wieder bei Schritt 1 beginnen.

Leutnant Sulu, der aufmerksam zugehört hat: »Meine größte Befürchtung bei kurz- und mittelfristig anstehenden Entscheidungen unter Einbezug vieler ist, dass wir vor lauter Palaver zu langsam sind. Das kann bei einem Kurswechsel vor einem plötzlich auftauchenden Planeten, den wir zuvor nicht kannten, verhängnisvoll enden. Daher würde ich die Konsent-Methode üben. Das könnte eine gute Balance zwischen einem sinnvollen Einbezug vieler Perspektiven und der Notwendigkeit, rasch zu Entscheidungen kommen zu müssen, darstellen.« Pavel Chekov fragt nach: »Gibt es noch andere Entscheidungsmethoden?«

Anekdotisch: Vier Leute verabreden sich zu einer bestimmten Zeit an einer bestimmten Adresse. Alle sind pünktlich da und stehen »vor dem Gebäude«. Sie finden sich aber nicht, telefonieren sich zusammen und beschreiben ihre jeweilige Perspektive (Ich sehe den Eingang direkt vor mir | Ich sehe den Haupteingang links von mir | Ich sehe den Haupteingang rechts von mir | Ich sehe den Hintereingang). Alle haben recht, alle sind pünktlich, alle sind am richtigen Ort und trotzdem geht es schief. Weil sie unterschiedliche Perspektiven haben! Nur wenn wir alle gemeinsam die verschiedenen Perspektiven einnehmen, uns gemeinsam »unterschiedliche Hüte aufsetzen«, bekommen wir das komplette Bild.

PLAY:
DIE SECHS-HÜTE-METHODE

Bei der Sechs-Hüte-Methode, die auf Edward de Bono zurückgeht, macht ihr unterschiedliche Perspektiven in besonderer Weise deutlich. Diese Methode der Entscheidungsfindung eignet sich insbesondere bei strategischen Entscheidungen mit großer Reichweite. Ein Beispiel ist die Akquisition eines Wettbewerbsunternehmens. Die nachstehende Abbildung fasst die unterschiedlichen Perspektiven (»Hüte«) zusammen.

- **OBJEKTIVITÄT UND NEUTRALITÄT:** Der weiße Hut steht dafür, Informationen zu sammeln, ohne sie zu werten. Wer den weißen Hut aufsetzt, ist einem Computer ähnlich: Es zählen nur die nackten Fakten und Zahlen. Versuche, mit dem weißen Hut auf dem Kopf dich konsequent frei zu machen von Emotionen, Urteilen und persönlichen Meinungen. Dieser Hut wird häufig zu Beginn eines Entscheidungsfindungsprozesses aufgesetzt, um einen ersten Überblick zu erhalten.

- **SUBJEKTIVES EMPFINDEN:** Der rote Hut steht für Emotionen. Lass sowohl alle positiven als auch negativen Gefühle zu, die in dir sind (Ängste, Freude, Zweifel, Hoffnungen, Frustration oder was auch immer). Ebenso Intuition: den Bauch sprechen lassen, nicht den Kopf. Alles Diffuse kann mit dem roten Hut raus. Niemand muss sich rechtfertigen.

- **OBJEKTIV NEGATIVE/POSITIVE ASPEKTE:** Beim schwarzen beziehungsweise gelben Hut geht es darum, die objektiv negativen/positiven sachlichen Aspekte der Fragestellung zu finden.

- **HIN ZU NEUEN IDEEN:** Der grüne Hut steht für Kreativität, Wachstum und neue Ideen. Wer diesen Hut trägt, begibt sich auf die Suche nach Alternativen, setzt Kreativitätstechniken ein und provoziert auch einmal. Es geht in dieser Perspektive darum, über das hinaus zu denken, was bereits getan wird oder angedacht ist – so verrückt oder unrealistisch die Ideen auch sind.

- **DIRIGENT SEIN:** Der blaue Hut steht für Kontrolle und für die Organisation des gesamten Diskussionsprozesses. Die Aufgaben sind: Ergebnisse zusammenfassen und entscheiden, welche Hüte im Zuge des Entscheidungsprozesses eventuell erneut aufgesetzt werden müssen. Es bietet sich an, dass eine Person den blauen Hut über den ganzen Prozess hinweg aufbehält und somit Moderator im Prozess der Entscheidungsfindung ist.

Entscheidungen in Konfliktsituationen

Scottie wirft ein: »Es wird nicht ausbleiben, dass wir auf unserer Reise Konflikte erleben werden – untereinander und mit der Mannschaft. Wie gehen wir damit um?«

Führung findet vornehmlich jenseits von Routine statt. Der Volksmund sagt: »Schönwettersegeln kann jeder.« Insofern begründen insbesondere Konfliktsituationen Führung. Und es gibt eine Menge davon. Sie gehören zum betrieblichen Alltag wie das Wasser zum Aquarium. Ein konzentrierter Überblick über die wesentlichen Konflikttypen:

Konflikttyp	Charakteristika	Anwendungsbeispiel
Wertekonflikt	Parteien lassen sich in ihrem Handeln durch unterschiedliche Grundüberzeugungen (Werte) leiten.	Inhaber des Familienunternehmens mit klarem Fokus auf Profitabilität, Eigenkapitalquote (Stabilität) und Risikobegrenzung. Das externe TOP-Management verfolgt primär starke Wachstumsambitionen.
Zielkonflikt	Parteien verfolgen unterschiedliche Ziele.	Die Produktion möchte die Produktvarianten reduzieren aufgrund des Ziels, die Herstellkosten jedes Jahr um X Prozent zu senken. Der Vertrieb verlangt genau das Gegenteil (»Sonst können wir nicht mehr verkaufen!«).
Methodenkonflikt	Parteien haben gleiche Ziele, können sich aber nicht auf die Methodik/Herangehensweise einigen.	Das Management möchte die Überarbeitung der Unternehmensstrategie in kleinem Kreis durchführen (»Das ist schließlich keine Basisdemokratie!«). Die übrigen Führungskräfte und die besonders leistungsbereiten Nachwuchsleute verlangen, ergebnisoffen beteiligt zu werden.
Ressourcenkonflikt	Parteien wollen knappe Ressourcen (Geld, Zeit) für unterschiedliche Themen einsetzen.	Die Abteilung (sic!) Innovation kämpft für die Ausweitung des Budgets für »echte« Neuentwicklungen. Die Produktmanager wollen dagegen möglichst viel Geld in die Pflege der bestehenden Produkte fließen lassen. Oftmals wird dieser Konflikttyp ergänzt um die Projektverantwortlichen, die dringend finanziellen Nachschub benötigen, weil »das Produkt beim Kunden ABC überhaupt nicht läuft«.
Beziehungskonflikt	Parteien haben persönliche Probleme in der Zusammenarbeit.	»Meyer sollte sich für den neuen Kurs etwas öffnen. Dem geht es doch nur um die Bewahrung des Status quo!« Meyer: »Müller ändert seine Meinung wie ein Fähnchen im Wind!«

Zunächst: Wenn es bei den grundlegenden Überzeugungen keine ausreichend große Schnittmenge gibt (Wertekonflikt), solltet ihr die Zusammenarbeit grundsätzlich infrage stellen. Denn die lassen sich schwer bis kaum überbrücken. Alle anderen Konflikttypen gehören zum Alltag des unternehmerischen Handelns.

> **» WENN ES KEINE KONFLIKTE GÄBE, BRÄUCHTE ES KEINE FÜHRUNGSKRÄFTE UND DIE UNTERNEHMEN WÄREN TOT. «**

Unternehmen müssen gleichzeitig viele verschiedene Zwecke erfüllen (Eigentümer: Renditeerwartung für seinen Kapitaleinsatz sowie Risikobegrenzungen. Kunde: Hohe Qualität des Produktes beziehungsweise der Dienstleistung. Mitarbeiter: Bestmögliche Gehaltserwartung und womöglich die Weiterentwicklung bei guten Arbeitsbedingungen) und mit Ressourcenknappheit umgehen. Die Reibung um der besten Sache willen macht jedes Unternehmen stärker und jede Zusammenarbeit effektiver.

PLAY: KONFLIKTE ENTSCHEIDEN

Wie könnt ihr Konflikte entscheiden?

- Im ersten Schritt macht ihr explizit, dass ein Konflikt vorliegt. Dieses Aussprechen des als unangenehm Empfundenen, des bisher Verdrängten, ist wichtig, gleichzeitig selten und kann Überraschungen auslösen (»Wie? Wovon sprichst du?«)
- *»Ich werde alles dafür tun, diese Kuh hier vom Eis zu bekommen. Wie sieht's mit dir aus?«* Nur wenn beide/alle Konfliktparteien wirklich zur Lösung beitragen wollen, machen die nächsten Schritte überhaupt Sinn.

- Der vielleicht wichtigste Schritt: Findet heraus, was dem anderen *wirklich* wichtig ist. Allzu oft liegen die tatsächlichen Gründe für ein bestimmtes Verhalten ganz woanders und/oder tiefer.
- Ist die Schnittmenge unserer Bedürfnisse ausreichend groß? Faustregel: In einem guten Kompromiss gehen beide Parteien einen kräftigen Schritt aufeinander zu. Und der darf beiden auch weh tun. Der Rest ist Handwerk.
- Leitet aus dem bisher Erarbeiteten Vorschläge oder Optionen ab und bewertet diese gemeinsam im Team.
- Schließlich: Trefft eine konkrete und verbindliche Verabredung für die Zukunft und klärt, wer hierzu was beiträgt. Und verabredet, wann und wie die Konfliktparteien die Einhaltung der Vereinbarung reflektieren.

6 Schritte zur Konfliktlösung

1. **Übereinstimmung erzielen**
Eigene Sicht auf die Situation beschreiben. Sehen beide Parteien, dass ein Konflikt vorhanden ist?

2. **Lösungsbereitschaft sicherstellen**
Werden beide Parteien einen Teil beitragen, um diesen Konflikt zu lösen?

3. **Bedürfnisse verstehen**
Worum geht es den Konfliktparteien eigentlich?
Was ist ihnen jeweils wichtig?

4. **Bedürfnisse abgleichen**
Lässt sich ein gemeinsamer Nenner finden? Mit welchen Unterschieden müssen die Parteien sich abfinden?

5. **Vorschläge einbringen**
Welche Optionen sind denkbar?
Was ist der jeweilige mögliche Beitrag zur Konfliktlösung?

6. **Konkrete Vereinbarung treffen**
Worauf verständigen sich die Parteien?
Wer wird was konkret bis wann zur Konfliktlösung beitragen?

Natürlich gibt es Konflikte, geschäftlich wie privat, die nicht (mehr) lösbar sind – in vielen Fällen, weil sie zu lange von den Beteiligten ignoriert wurden. Und natürlich stellt kein methodisches Gerüst einen Zaubertrank dar. Und dennoch lassen sich auch scheinbar verfahrene Situationen auflösen. Dazu folgendes Beispiel.

Unternehmensbeispiel: Das Familienunternehmen ist über 150 Jahre alt. Eine Seltenheit. Die Vertreter der aktuellen Generation, Bruder und Schwester, reden nicht mehr miteinander. Seit fast zwei Jahren.

Sieben (!) gemeinsame Workshops bringen keinen gemeinsamen Nenner hervor. Stattdessen sprießen alte Verletzungen wie Pilze aus dem Boden, ein Wort ergibt das andere und es wird laut, teilweise sehr laut. Abbruch.

In der Rückschau entsteht eine Vermutung, was die wirklichen Bedürfnisse sein könnten, zunächst vage, dann immer klarer. An den Bruder gerichtet: »Deiner Schwester geht es um etwas ganz anderes: Sie lechzt danach, von dir in ihrer Kompetenz sichtbar anerkannt zu werden!« Und zur Schwester: »Dein Bruder reißt die Aufgaben nur aus einem Grund an sich: Er möchte dich beschützen. Und ihr wisst beide, warum.«

Beide brechen in Tränen aus, liegen sich minutenlang in den Armen.

Danach floriert das Geschäft. Die nachfolgende Generation wird ein kerngesundes Unternehmen übernehmen können. ■

ZUSAMMENARBEIT FÖRDERN

Leutnant Uhura fragt nachdenklich: »Wir haben im vergangenen Kapitel viel darüber gesprochen, wie wichtig gute Zusammenarbeit ist, eigentlich noch wichtiger als Organisationsstrukturen. Wie kann erfolgreiche Führung gute Zusammenarbeit fördern?«

Die dritte Kernaufgabe von Führung besteht darin, Zusammenarbeit im Unternehmen zu ermöglichen, zu fördern und zu honorieren. Hierzu in aller Kürze eine kleine gedankliche Übung: Warum gibt es überhaupt Unternehmen? Die Antwort könnt ihr euch vielleicht denken: weil es (unzählige) Aufgaben gibt, die wir nur *gemeinsam* bewältigen können.

Dem steht entgegen, dass in vielen Unternehmen und Teams Grabenkriege, Egoismen, offenes oder subtiles Gegeneinander und die Verfolgung von Partikularinteressen vorherrschen. Erstaunlich, zumal uns, anthropologisch gesehen, gerade die Bereitschaft zur Kooperation von anderen Lebewesen unterscheidet. Kein Wettbewerb, keine globale Krise, keine neue behördliche Reglementierung verursacht die einhergehenden Reibungs- und Produktivitätsverluste – sie sind hausgemacht. Wenn der Zweck von Führung darin besteht, zur Überlebensfähigkeit des Unternehmens beizutragen, muss sie hier ansetzen und wirksame Stellschrauben zur Verbesserung der internen Zusammenarbeit identifizieren und so ausgestalten, dass Kooperation im Sinne der Unternehmensziele spürbar wahrscheinlicher wird.

CHECK: WAS WIRD HONORIERT?

Fragt euch in Bezug auf euer Unternehmen:

- Was sind die ausschlaggebenden Faktoren für Beförderungen?
- Wofür gibt es »Sichtbarkeit« und öffentlichkeitswirksame Anerkennung?
- Nach welchen Kategorien wird die Leistung von Führungskräften eingeschätzt?

Zur Ausgestaltung dieser dritten Führungsaufgabe fragen wir, was – institutionell gesehen – Zusammenarbeit behindert.

Silodenken – manifestiert im Organigramm

An erster Stelle: Es ist die Art und Weise, in der die meisten Unternehmen nach wie vor organisiert sind. In Abteilungen, die vor allem genau dies tun: abteilen. Mit dicken Mauern um die vielen Kästchen. Willkommen im Organigramm, *dem* organisatorischen Abbild einer vergangenen Zeit.

Zielsysteme – wenn Nichtzusammenarbeit belohnt wird

Der zweite wesentliche Grund für den mäßigen Zustand der internen Zusammenarbeit liegt in der Ausgestaltung der Zielsysteme. Deren wichtigster Webfehler besteht darin, dass sie sich auf einen Teil des Unternehmens beziehen und nicht auf das Ganze. Wenn beispielsweise der Vertrieb nach Regionen organisiert ist und genau dafür Ziele vorgesetzt bekommt (dass ein Zielvereinbarungs*prozess* eine Angelegenheit in zwei Richtungen ist, wird allzu häufig vergessen), werden die Vertriebler sich genau hierauf konzentrieren und nicht über die Regionsgrenzen hinwegschauen, auch wenn es sowohl für ihre Kunden als auch für das eigene Unternehmen vorteilhaft wäre.

Zweite unweigerliche Konsequenz des Webfehlers: interne Debatten darüber, wer welche Scheibe vom Kuchen abbekommt. Wieder gilt: Kein Kunde zahlt dafür.

Unternehmensbeispiel: Ein großer Mittelständler ist weltweit aufgestellt. Die meisten Projekte werden im Zusammenspiel verschiedener Einheiten gewonnen und geliefert. Die Manager der Landesgesellschaften werden im Kern nach Auftragseingang, Umsatz und Ergebnisbeitrag »ihrer« Region incentiviert. In den USA ist der Anteil dieser variablen Vergütung höher als in der Standardregelung des Unternehmens, um lokalen Gegebenheiten Rechnung zu tragen.

Die internen Debatten um die Aufteilung des jeweiligen Projektvolumens werden von Jahr zu Jahr größer, hitziger und schärfer. Erste Indikationen eines schädigenden Gegeneinanders werden sichtbar.

Der Eigentümer schaut sich das Spektakel etwa drei Jahre an. Dann platzt ihm der Kragen. Die Analyse zieht nur zwei Maßnahmen nach sich – die allerdings sind hochgradig wirksam. (1) Das neue Zielsystem ist zu zwei Dritteln auf das *Gesamt*unternehmen bezogen, der Rest auf lokale und individuelle Themen. (2) Der Chef der amerikanischen Gesellschaft muss gehen.

Ein Befreiungsschlag. Die Zusammenarbeit floriert – mit den erwartbaren Folgen für alle maßgeblichen wirtschaftlichen Indikatoren. ■

Interessanterweise hat die Motivation der Beteiligten gar nicht gelitten – dies war in der leidenschaftlichen Diskussion im Zuge der Veränderung des Zielsystems das hauptsächliche Gegenargument (»Wenn überwiegend das Ergebnis des Gesamtunternehmens zählt, werden sich viele hängen lassen oder jedenfalls nicht mehr so stark wie bisher engagieren«). Mitnichten. Nicht verwunderlich, wenn wir uns die Hauptquellen für dauerhafte Motivation in Erinnerung rufen:

Freiheit in Form von Handlungs- und Gestaltungsmöglichkeiten, Kompetenznutzung und Zugehörigkeit.

CHECK: ZIELSYSTEM ÜBERPRÜFEN

Um Zusammenarbeit zu fördern, fragt euch selbstkritisch:

- Sind wir bereit, unser Zielsystem komplett abzuschaffen, der Haltung folgend: Wir bezahlen unsere Leute anständig und dann lassen wir sie arbeiten? Gegebenenfalls setzen wir, abhängig vom Geschäftsverlauf, eine Ausschüttung am Jahresende um.

Falls nicht:

- Haben wir das Zielsystem nachvollziehbar mit unserer Strategie verknüpft?
- Ist unser Zielsystem so einfach wie möglich (jedes Zielsystem verursacht Transaktionskosten, die wir im nächsten Abschnitt behandeln)?
- Haben wir eine gesunde Balance aus individuellen und Gesamtzielen gefunden?

Von hier braucht es nur einen kleinen Schritt, um bei der Einschätzung von Leistung zu landen.

Leistungseinschätzung

In deren Praxis spielen Aspekte der Zusammenarbeit kaum eine Rolle. Bewertet wird in aller Regel die individuelle Leistung. In den »Tipps für den Weg« in Kapitel 2 haben wir mit dem Teammonitor eine Methode vorgestellt, wie ihr Teamleistung und Zusammenarbeit im Team bewerten könnt.

Deutlich weiter geht das Software-Tool VeeMind (www.veemind.com), das wir unten in den »Tipps für den Weg« in diesem Kapitel vorstellen. Es macht das individuelle Handeln im Feld »Führung und Zusammenarbeit« messbar.

Räumliche Nähe schaffen/Zugehörigkeit erzeugen

Scottie meldet sich zu Wort: »Ich bin die meiste Zeit im Maschinenraum und nur über die Sprechanlage verbunden. Wenn ich dann in einer brenzligen Situation auf der Brücke bin und meine Mannschaft im Maschinenraum anleiten muss: Wie mache ich das so wirkungsvoll, als würde ich persönlich bei ihr sein?«

Die erzwungene Distanz in der COVID-Pandemie hat uns vor Augen geführt, dass räumliche Nähe wichtig für die Zusammenarbeit ist. Die leidigen Diskussionen um »Remote Work« stellen vor diesem Hintergrund die falsche Frage: »Wie viele Tage Homeoffice pro Woche sind möglich?« Bessere Fragestellungen sind: »Wo kann ich welche Aufgabe am besten erledigen?« aus individueller Sicht und »Welche Aufgaben bearbeiten wir am besten gemeinsam in Präsenz?« aus Team- und Unternehmenssicht. Wenn ohne räumliche Nähe nichts fehlen würde, wäre auch Führen auf Distanz nicht so herausfordernd. Was könnt ihr tun?

PLAY:
ÜBER DISTANZ FÜHREN

Was kann beispielsweise der Serviceleiter tun, an den die Monteure berichten, die bis zu 200 Tage im Jahr auf den weltweiten Baustellen die gelieferten Anlagen des Unternehmens in Betrieb nehmen, warten und reparieren?

- So häufig es machbar ist: Vor-Ort-Besuche durchführen. Selbst ein Besuch pro Jahr kann den entscheidenden Unterschied machen.

Falls das organisatorisch und aufgrund einer zu großen »Installed Base« utopisch ist: die Monteure regional zusammenziehen, was zugleich deren Austausch untereinander stärkt. Es ist machbar. Keine Ausreden.

- Mindestens einmal im Jahr alle Monteure in der Firmenzentrale zusammenholen und dabei (1) Neuigkeiten aus dem Unternehmen teilen, (2) auf das vergangene (halbe) Jahr zurückblicken, (3) ein Bild der kommenden Monate zeichnen, (4) als Schwerpunkt des Treffens die Erfahrungen austauschen und (5) gemeinsam feiern. Dabei ausdrücklich die Arbeit der Kollegen wertschätzen, die unter besonderen Bedingungen zum Unternehmenserfolg beigetragen haben.
- Die gegenseitigen Erwartungen an die Zusammenarbeit klar benennen, schriftlich festhalten und im Verlauf des Jahres überprüfen.
- Regelmäßige Videobesprechungen durchführen, auch wenn es gerade keine dringenden operativen Themen gibt.

Auf Distanz führen ist und bleibt anspruchsvoll und in der Wirkung in den meisten Fällen begrenzt. Andererseits ist Führung in diesem Set-up besonders wichtig. Und zahlreiche Kollegen, die Tausende Kilometer entfernt von der Firmenzentrale ihren Alltag erleben, sind für jeden Kontakt besonders empfänglich.

Feiern – vergessenes Ritual

Mit letzter Kraft den Meilenstein erreicht – und dann gleich weiter ins nächste Projekt? Ein sicheres Rezept, die Mannschaft »sauer zu fahren«. Feiern erfüllt aus psychologischer Sicht mehrere wichtige Funktionen. Es …

- fördert soziale Bindungen und stärkt Gemeinschaftsgefühle, indem es Menschen zusammenbringt und gemeinsame positive Erlebnisse schafft;

- dient emotionaler Entlastung und dem Stressabbau, indem es Raum für Freude schafft;
- unterstützt die Identitätsbildung, indem es kulturelle und persönliche Traditionen pflegt und stärkt – hier wird unter anderem greifbar, wie es um die Unternehmenskultur bestellt ist;
- ist ein Ausdruck von Wertschätzung und Anerkennung von Leistungen sowie Meilensteinen, was das Selbstwertgefühl und die Motivation steigern kann.

Mehr als genug Gründe, Feiern nicht als Kostenfaktor oder New-Work-Wohlfühlkrams zu sehen, sondern die Funktion von Feiern zu erkennen und diese erlebbar und nutzbar zu machen.

TRANSAKTIONSKOSTEN SENKEN

Im Organisationskapitel habt ihr viel über Transaktionskosten dysfunktionaler Organisationen gehört. Was sind Transaktionskosten? Es sind diejenigen Kosten, die dadurch entstehen, dass die interne Zusammenarbeit in der betrieblichen Realität erhebliche Reibungsverluste mit sich bringt. Sie stehen in keiner Kostenrechnung. Ein paar wichtige Kategorien: Ineffizienzen durch zu lange Abstimmungsprozesse und hinausgeschobene Entscheidungen (»Wir müssen das noch genauer analysieren!«), durch Kommunikationsdefizite entstehende Doppelarbeiten, Ego-Verhalten, das nicht nach effizienter Nutzung der im Gesamtunternehmen vorhandenen Ressourcen und Kompetenzen fragt, sondern den eigenen Vorteil sucht, schlechte Personalauswahl sowie mangelnde Konsequenz in Personalentscheidungen und – der Klassiker – ineffiziente Meetings.

Willkommen zur vierten Kernaufgabe von Führung.

Fluktuation reduzieren

Es ist offensichtlich, dass ungewollte Fluktuation – wenn also Mitarbeitende das Unternehmen verlassen, die ihr gern gehalten hättet – hohe Transaktionskosten auslöst: Kosten für die Suche einer geeigneten Nachfolge, Einarbeitungskosten, andererseits Kompetenz- und Erfahrungsverluste. Was könnt ihr tun?

- *Perspektiven schaffen:* Macht Entwicklungsperspektiven für den Einzelnen klar. Was häufig auf den formalen Aufstieg in der Hierarchie verkürzt wird, meint vor allem inhaltliche Perspektiven. Herausfordernde Aufgaben, bei denen der Einzelne seine Stärken einbringen kann. Im Übrigen kann die Perspektive darin bestehen, dass alles so bleibt, wie es ist.

- *Vertrauen stärken:* Wir haben mit der Vertrauensformel erläutert, wie auf Vertrauen basierende Arbeits- und Führungsbeziehungen entstehen können.

- *Leistungspartnerschaft leben:* Die Partnerschaft, die – Achtung: Old-school-Begriffe! – Arbeitgeber und Arbeitnehmer eingehen, darf nicht in dauerhafte Dysbalance geraten. Wer seine Leute verheizt, wird sie verlieren. Wer andererseits keinen Beitrag leisten kann oder will, kündigt die Leistungspartnerschaft ebenfalls auf.

> **»*Im Übrigen ist das gesamte Playbook in gewisser Weise ein Plädoyer für eine unternehmenskulturelle Umgebung, in der gerade die Leistungsbereiten gar nicht auf die Idee kommen würden zu gehen.*«**

Im Folgenden beleuchten wir Einzelaspekte von Führung, die allesamt starke Treiber von Transaktionskosten sind.

PLAY:
MENSCHEN AUSWÄHLEN

Die richtige Passung von Aufgaben und Kompetenzen finden. Worauf sollt ihr achten:

- *Einstellungen* einstellen. Mit Fokus auf die innere Bereitschaft und Fähigkeit zur übergreifenden Zusammenarbeit. Wo hat der Kandidat diese Einstellung bewiesen?
- Einen Kennenlernprozess in *beide* Richtungen etablieren. Nicht ich wähle aus, sondern auch der Kandidat wählt uns aus. Wenn ihr euch das bewusst macht, verläuft der Auswahlprozess mit besserem Ergebnis.
- Im Zweifel mit »*Nein*« entscheiden. Auch hier: in beide Richtungen.

Was sonst noch wichtig ist bei Personalentscheidungen, könnt ihr weiter unten im Rahmen der »Tipps für den Weg« lesen.

Commander Spock wirft ein: »Mir kommt noch etwas in den Sinn. So wichtig es ist, dass wir uns hier auf der Brücke immer wieder treffen: Ich würde lieber häufiger in meinem Labor sitzen und mich den Analysen der Proben widmen, die wir von unseren Expeditionen mitbringen. Stattdessen verschwenden wir so viel Zeit in Meetings. Geht das nicht anders?«

Captain Kirk runzelt die Stirn: »Moment mal ...«

Meetings

Eine Seuche. Vielerorts sind Meetings die größte Quelle für die Verschwendung von Zeit, mithin sind sie ein wesentlicher Treiber für Transaktionskosten. Dabei ist hundertfach besprochen, was zu tun ist, und entsprechende Grundsätze hängen an den Wänden zahlreicher Besprechungsräume. Und doch sind die Klagen groß. Daher erneut:

PLAY: MEETINGS EFFEKTIVER MACHEN

Bereitet die Besprechungen, für die ihr verantwortlich seid, anhand folgender Fragen vor:

- *Wozu?* Prüft kritisch, ob das Meeting wirklich notwendig ist. Können wir die Meinungsbildung und den Entscheidungsprozess auch »schlanker« gestalten?
- *Was?* Klarheit in Bezug auf den Inhalt der Besprechung ergibt sich aus der Beantwortung folgender Fragen:
  - Was ist Zweck/Zielsetzung des Meetings?
  - Wie sehen Agenda und die mit den einzelnen Punkten verbundenen Erwartungen aus?
  - Mit welcher Überschrift lade ich ein?
- *Wer?* Welche Personen müssen unbedingt dabei sein, um die definierten Ziele des Meetings nicht zu gefährden? Mithin: Wie sieht der *minimale* Teilnehmerkreis aus? Auch: Wer kann über das Thema entscheiden? Schließlich: Wer moderiert?
- *Wie?* Welches Format wählen wir? Zum Beispiel in der Produktion: »Was liegt diese Woche an?« Schließlich: Welche Länge darf die Besprechung maximal haben und wo treffen wir uns?

Commander Spock können wir entgegnen: Meetingzeit und -effektivität lassen sich bereits durch die konsequente Vorbereitung anhand dieser einfachen Fragen um eine Größenordnung von 30 Prozent verbessern.

CHECK: MEETINGS EFFIZIENTER MACHEN

- Pünktlich ankommen und pünktlich beginnen.
- Klarheit über Zweck/Ziele der Besprechung, Tagesordnung und Ergebnisprotokoll schaffen.
- Während der Diskussion prüfen: Sind wir noch auf dem richtigen Weg? Ist jeder fokussiert? Werden alle Perspektiven gehört?
- Wichtige Punkte und (Zwischen-)Ergebnisse zusammenfassen.
- Aktionspunkte mit Verantwortlichen klären und schriftlich, idealerweise für alle sichtbar, festhalten.
- Feedback und Verbesserungsvorschläge für die nächste Besprechung einholen.
- Pünktlich enden.

Trotz der Beherzigung dieser Anregungen sieht es immer noch nicht gut aus um unsere Meetingpraxis. Warum? Eine Besprechung zu leiten, ist anspruchsvollste Führungsarbeit! Ihr kennt die Störenfriede, die nichts beitragen, aber fortlaufend mit ihren Sitznachbarn tuscheln, oder die Vielredner, die lange sprechen, ohne etwas zu sagen. Und dann noch diejenigen, die stets wiederholen, was andere schon beigetragen haben. Wie ihr diesen »Meeting-Terroristen« wirkungsvoll begegnen könnt, teilen wir euch in einem der ersten digitalen Formate mit, die diesem Playbook folgen werden.

Hinter der lausigen Meetingpraxis verbergen sich Führungsdefizite in einem größeren Kontext. Drei Gedanken dazu:

- Inszenierung der eigenen Unersetzlichkeit: Ihr kennt die Ober-Kontrollettis, die überall dabei sein müssen, um nichts zu verpassen.

- Cover-my-ass: Aus Sorge, eine falsche Entscheidung zu treffen, nehme ich lieber noch zwei Kollegen mit in das Meeting. Die können zwar zu vier von fünf Punkten der Agenda nichts beitragen, aber so kann mir im Nachgang niemand etwas anhaben.

- Entscheidungsschwäche: Lieber noch mal zusammensitzen, als eine Entscheidung unter Unsicherheit treffen. Dass die jedoch bestehen bleibt, wird geflissentlich ignoriert.

Führung hat einen »Störungsauftrag«, wie Reinhard K. Sprenger es genannt hat. Führungskräfte müssen einschreiten und diese Praxis durchbrechen. Ansonsten könnt ihr Besprechungen zwar handwerklich verbessern, die unerträgliche Flut von zu vielen Besprechungen, die mit zu vielen Teilnehmern zu lange dauern, würde aber im Wesentlichen bestehen bleiben. Kein Kunde zahlt dafür.

Übrigens zeigt sich gerade in der Meetingpraxis, wie es um die unternehmenskulturelle Verfassung eures Unternehmens bestellt ist. Beispiel: Wenn ich das Top-Management für eine Entscheidung brauche, muss ich in vielen »westlich geprägten« Unternehmen die Ochsentour starten, um mein Thema in einer Vorstandssitzung zu platzieren. Also erst mal das Thema wichtigmachen, mehrere Gate-Keeper überwinden, einen Termin in drei bis vier Monaten organisieren und das Thema – von dem der Vorstand in den Details gar keine Ahnung haben kann – in 30 Minuten mit PowerPoint »vorstandstauglich« machen. Um dann am Ende mit vielen Prüffragen wieder nach Hause geschickt zu werden.

»Das Hauptproblem liegt darin: Ich muss mit meinem Problem ›zu denen da oben gehen‹.«

In japanisch geprägten Unternehmenskulturen gibt es das so nicht. Dort geht der Manager selbstverständlich an den Ort, an dem das Problem entstanden ist, also in die Fertigung, das Callcenter oder die Baustelle, und sucht gemeinsam mit den Fachleuten vor Ort (also nicht nur Führungskräften) nach einer Lösung. Das nennt sich Gemba-Walk. Damit wird das Problem nicht nur an den Ort der Wertschöpfung verlagert, sondern auch die oben genannte Logik umgedreht, indem Führung sichtbar der Werterzeugung dient. So funktioniert gelebte Wertschätzung.

Systematische Müllabfuhr

Kennt ihr die befreiende Wirkung, wenn ihr – oftmals nach langem Zögern – endlich den Dachboden oder Keller entmistet und alles entsorgt habt, was ihr in den vergangenen zwei Jahren nicht angerührt habt? Die gleiche Übung soll auch für Kleiderschränke gelten ...

Und nicht nur dort. Auch Organisationen sind »Gewohnheitstiere«, die alles hamstern, sammeln und mitschleppen, was einmal eingeführt wurde. Die Leitfragen, um den wuchernden Ballast abwerfen zu können, lauten: »*Was würden wir heute nicht tun, wenn wir das Unternehmen neu starten würden?*« Und: »*Welche Aktivität, die wir im Unternehmen durchführen, leistet keinen Beitrag zur Wertschöpfung?*« Wer sich einen Tag pro Jahr ausschließlich für diese Fragestellungen nimmt, wird diesen Tag in der Rückschau vermutlich als einen der wirkungsstärksten Momente des Jahres wahrnehmen.

»Auf den Prüfstand gehören sämtliche Berichte, Formulare, Listen, Excel-Tabellen, Werkzeuge, IT-Systeme und -programme, Geschäftsabläufe und Meetings.«

ERHALTEN UND ERNEUERN BALANCIEREN

Noch einmal der Unternehmenszweck von Apple: *»Bei allem, was wir tun, glauben wir daran, den Status quo infrage zu stellen.«* Deutlicher kann ein Bekenntnis zum ständigen Erneuern, dem kontinuierlichen Hinterfragen bestehender Abläufe, Strukturen und Produkte kaum ausfallen. Nun ist Apple keinesfalls ein unerfolgreiches Unternehmen – ganz im Gegenteil.

Heißt das also, diesem Beispiel nachzueifern und ein pathetisches *»Nichts bleibt, wie es war«* auf die Fahnen unserer Führungsarbeit zu schreiben? Tatsächlich verfahren manche CEOs genau so. Kaum angekommen, erklären sie der gesamten internen und externen Unternehmenswelt, was alles auf den Kopf gestellt werden muss und warum die Dinge in der Vergangenheit schieflaufen mussten. Allzu oft geht es um ich-bezogene Profilierung durch das Schlechtreden der eigenen Startposition.

> ***» Es geht um Balance. «***

Ja, Führung hat einen Störungsauftrag. Dieser wird in den meisten Unternehmen in den heute unsicheren, instabilen Zeiten umfangreicher ausfallen als in der Vergangenheit. Und gleichzeitig könnt ihr weder die Hälfte der Mannschaft mit einem Schlag austauschen noch das gesamte Unternehmen auf den Kopf stellen (Sanierungen sind die Ausnahme). Zumal in nahezu jedem Unternehmen die Führungs- und Managementkapazitäten begrenzt sind und damit eine kluge Themenpriorisierung erfordern.

Unternehmensbeispiel: Wieder ein mittelständischer »Hidden Champion« mit weltweiter Aufstellung. Durch mehrere Akquisitionen verfügt die Unternehmensgruppe über drei Produktionsstandorte in Europa. Deren Zusammenlegung zu einem europäischen Standort ist strategisch vorteilhaft und wirtschaftlich sinnvoll. Auch bei konservativer Abschätzung sind erhebliche Kostensenkungen wahrscheinlich.

Und dennoch: Aufgrund zahlreicher anderer Prioritäten, die noch höher gewichtet werden, entscheidet sich das Top-Management, die Zusammenlegung erst in drei bis fünf Jahren anzupacken.

Was leicht als »Bewahrung des Status quo« hätte missverstanden werden können, entpuppt sich in der Folge als kluge Abwägung. ■

Das Beispiel illustriert, dass Schwarz-Weiß-Betrachtungen niemanden weiterbringen. Sie haben in Führungsfragen kaum Platz. Weder das apodiktische »Alles muss raus« ist angezeigt noch die nicht minder vehement vorgetragene Zementierung der Unternehmensroutinen.

Es geht vielmehr um Balance, das Ausjustieren zwischen »Erhalten« und »Erneuern«.

Für den Teil »Erneuern«: Warum scheitern drei von vier Veränderungsvorhaben und was braucht es für deren Gelingen? Im Kern: Macht einen Teil eurer Mannschaft zu Mit-Autoren der Veränderung! Bezieht sie ergebnisoffen in die entsprechenden Diskussionen ein. Mit sehr hoher Wahrscheinlichkeit werden sie dadurch das Thema »zu ihrer Sache« machen und die Ergebnisse mit Engagement und Überzeugung in ihre jeweiligen Verantwortungsbereiche hineintragen. Realistisch: der eine mehr, der andere weniger.

Aus einer Helikopter-Perspektive ist spürbar, dass in der heutigen Zeit in den meisten Unternehmen das Pendel stärker in Richtung »erneuern« ausschlägt, zumal nach externen Verwerfungen wie der Wirtschafts- und Finanzkrise 2008/2009, der COVID-Pandemie mit Schwerpunkt 2020 und Russlands Angriffskrieg in der Ukraine. Weitere Angriffskriege mit globaler Wirkung sind möglich, weitere Pandemien wahrscheinlich.

CHECK: KRISENPRÄVENTION

Daher fragt euch, was ihr tun könnt, um Krisen vorzubeugen:

- Wo haben wir Klumpenrisiken (hoher Anteil eines Kunden/Marktes/Produktes am Umsatz)?
- Was tun wir ab sofort für deren Reduzierung?
- Wie stark können wir unsere Mannschaft »über Nacht« zu vertretbaren Kosten (und ohne Auseinandersetzungen vor dem Arbeitsgericht) reduzieren?
- B2B: Wie können wir unser Servicegeschäft stärken? Wo können wir die Laufzeit der Verträge verlängern?
- B2B: Haben wir langfristige Kundenbeziehungen und eine Position des »Partner of Choice«? Was unternehmen wir, um diese Position bei unseren Schlüsselkunden weiter zu stärken?
- B2C: Überwiegen Einmal- oder Wiederholungskäufe? Wie steigern wir Letztere?
- Produzierende Industrien: Bis zu welchem Anteil haben wir unsere Produktionskapazitäten flexibilisiert?
- Können wir bei der nächsten Krise mit globaler Auswirkung eine Task Force »per Knopfdruck« einsetzen?
- Verfügen wir über ein »Business Continuity Management« und Notfallpläne – wenn beispielsweise das nächste Mal ein Schiff den Suezkanal für Wochen blockiert?

Abschließend ein beeindruckendes Beispiel dafür, dass in Krisenzeiten selbst das für unmöglich Gehaltene gemeistert werden kann.

Unternehmensbeispiel: Ein mittelständisches Familienunternehmen ist seit fünf Generationen im Spezialanlagenbau tätig. Lieferungen nach Russland machen 75 Prozent des Geschäftes aus. Bis diese über Nacht zusammenbrechen.

In einem beispiellosen Kraftakt gelingt es, das Unternehmen zu retten. Neue Märkte werden erschlossen, zusätzliche Kundengruppen mit leichten Produktspezifikationen adressiert. Die Mannschaft arbeitet rund um die Uhr. Der Inhaber in der Rückschau: »Ich habe das nicht für möglich gehalten. Bei allem Stolz über das Erreichte: Nie wieder möchte ich so etwas erleben!« ■

WAS IST WIRKUNGSVOLLES FÜHREN?

»Puh«, sagt Leutnant Sulu. »Das waren aber viele wichtige Anregungen. Da muss ich sehen, dass ich die alle behalte.« »Schau doch einfach hin und wieder ins Playbook«, regt Scottie an. Leutnant Uhura fragt mit ihrem ureigenen Instinkt für das Wesentliche: »Aber was ist der Kern erfolgreicher Führung? Und erfolgreich meint: Welche Zutaten von Führung sind letztlich unverzichtbar für das Überleben auf unserer Mission?«

ERSTENS: HARTNÄCKIGKEIT

Zunächst: Führungskräfte brauchen einen »langen Atem«. Tendenziell: je länger, umso größer wird das Unternehmen (erfreuliche Ausnahmen bestätigen diese Regel).

» *Führung muss dauerhaft wirken.* «

»Ich verstehe«, sagt Captain Kirk in entwaffnender Offenheit zu Spock, Pille und Uhura gewandt. »Es reicht nicht, wenn ich mich jeden dritten Dienstag erinnere, dass ich euch noch ein Feedback geben wollte. Oder den Konflikt zwischen Ihnen, Pille, und Ihnen, Leutnant Uhura, weiter schwelen lasse. Und überhaupt den Sinn und Zweck der aktuellen Mission den meisten Crewmitgliedern noch nicht verständlich gemacht habe. Ich muss da mehr hinterher sein.«

Gleichzeitig erbringt niemand ständig Höchstleistung. Diese Vorstellung mag zwar immer noch durch manche Firmenflure geistern, sie ist jedoch nicht nur unrealistisch und zeugt von maximaler Realitätsferne, sondern sie ist auch im tieferen Sinne inhuman. Darum geht es gar nicht. Jeder hat schlechte Tage. Vermutlich auch einmal eine schlechte Phase, hervorgerufen durch Umstände, die nicht notwendigerweise im Unternehmen liegen müssen.

Es geht in dieser unverzichtbaren Zutat für erfolgreiche Führung darum, nicht zu schnell aufzugeben. Die Flinte nicht vorzeitig ins Korn zu werfen. Das ist oftmals mühsam. Anstrengend. Kaum jemand hat diesen Zusammenhang so eindrucksvoll beschrieben, wie einer der größten Sportler aller Zeiten.

» *In meiner Karriere habe ich über 9000 Würfe verfehlt. Ich habe fast 300 Spiele verloren. 26-mal wurde mir der spielentscheidende Wurf anvertraut und ich habe ihn nicht getroffen. Ich habe immer und immer wieder versagt in meinem Leben. Deshalb bin ich erfolgreich.* «

Michael Jordan

ZWEITENS: GROWTH MINDSET

Es ist auffallend, dass Menschen, die ein hohes Maß an Hartnäckigkeit an den Tag legen, eine bestimmte innere Haltung vereint: ein Growth Mindset. Die nachstehende Abbildung verdeutlicht diese Haltung, in Abgrenzung zum sogenannten Fixed Mindset.

Growth versus Fixed Mindset

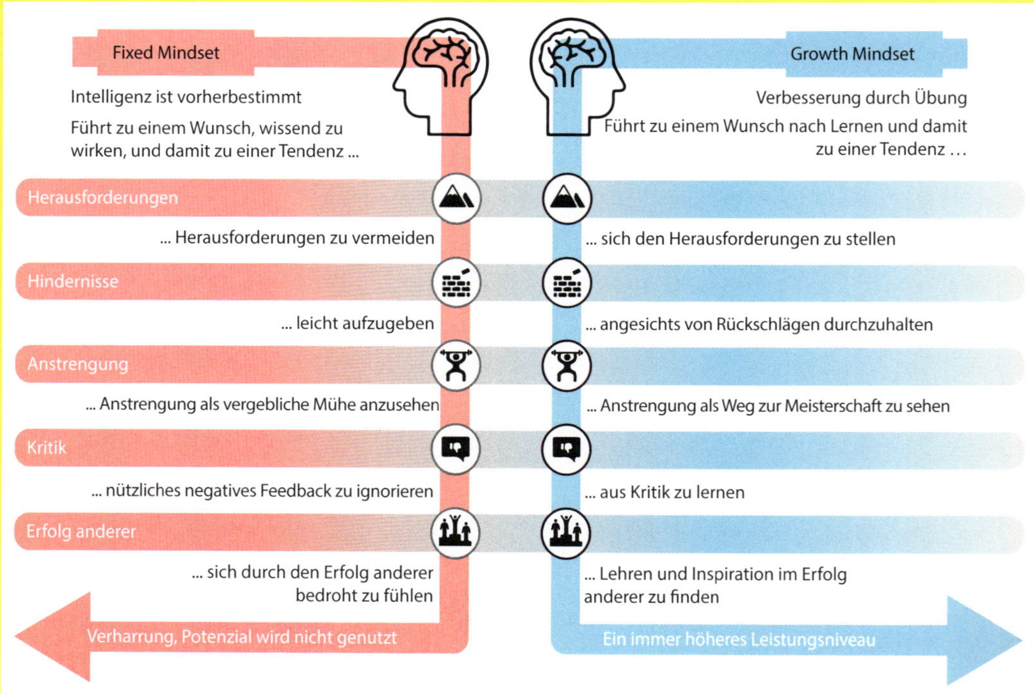

Carol Dweck hat diese für erfolgreiche Führung fundamentale Unterscheidung anschaulich beschrieben. Übrigens: Die Haltung des Fixed Mindset macht vor den obersten Führungsetagen nicht halt. Exemplarisch Olli-Pekka Kallalvuo, der 2007 Nokia-CEO war: »*Apple hat in zwei Tagen 270 000 iPhones verkauft. So beeindruckend das für ein neues Produkt ist, wird es nicht mal eine Delle in Nokias 900 Millionen Geräte am Markt verursachen.*« Das kann euch nicht passieren?

CHECK: GROWTH MINDSET

Dann werft einen Blick auf diese Checkliste.

- Ich reflektiere regelmäßig, gemeinsam mit meinem Team, unsere Vorgehensweisen und Zusammenarbeit.
- Ich hinterfrage mich selbst fortlaufend.
- Ich zeige Hartnäckigkeit und einen »langen Atem«.
- Andere, kontroverse Perspektiven suche ich systematisch.
- Kontinuierliches Lernen ist für mich eine Selbstverständlichkeit.
- Ich verstehe Feedback als Geschenk und Chance zum Lernen.
- Fehler bearbeite ich aktiv.
- Unsicherheit verstehe ich als chancenreiche Normalität.
- Erfolge anderer sind Inspiration für mich.
- Scheitern gehört dazu. Es ist im Kern eine Chance zum Lernen.
- Veränderungen sind voller Chancen. Wenn eine Tür zugeht, gehen andere auf (und die sind häufig sogar besser).

Wer dagegen folgende und ähnliche Äußerungen hört, darf zumindest von einer Indikation für ein Fixed Mindset ausgehen: »Das haben wir schon immer so gemacht!« »Aber wir waren doch auch bisher erfolgreich!« »Ich kann das nicht!«

DRITTENS: MISSTRAUEN VERDIENEN

Wer kennt nicht das viel zitierte »Mein Vertrauen musst du dir verdienen!«. Wir drehen diese Haltung in ihr Gegenteil: »Mein *Miss*trauen musst du dir erst verdienen« – geben also einen Vertrauensvorsprung. Jeder, der sich mit Vertrauen beschäftigt, kennt diesen Zusammenhang: Sich verwundbar zu machen, ist der erste Schritt in eine Vertrauensbeziehung. Das Risiko enttäuschter Erwartungen ist integraler Bestandteil dieses Schrittes. Sie können richtig wehtun. Sie dann auszuhalten, ist auch ein Element von Führung.

VIERTENS: AUS DEM WEG GEHEN

»*Wir rufen euch das E aus der Vertrauensformel in Erinnerung: Je größer das Ego, desto weniger Vertrauen.*«

Zweitens erinnern wir euch an die erste Quelle dauerhafter Motivation, die gerade in unsicheren Zeiten stabil bleibt: Freiheit in Form von Handlungs- und Gestaltungsfreiheiten. Damit erteilen wir jedem Mikro-Management eine klare Absage (dass, wie immer, Ausnahmen die Regel bestätigen, ist selbstverständlich).

Es ist an der Zeit, beide Einsichten weiterzudenken und zu verstärken mit folgender Empfehlung als vierter Zutat für erfolgreiche Führung:

»*Geht als Führungskräfte aus dem Weg. Wann immer es geht.*«

Hierfür kann es erkenntnisreich sein, dass ihr euer eigenes Menschenbild hinterfragt.

CHECK: MENSCHENBILD

Pragmatisch fragen wir anhand der folgenden Checkliste:

- Wie stark glaube ich daran, dass jeder im Unternehmen etwas zum Gesamterfolg beitragen möchte?
- Wie viele Themen mache ich zur »Chefsache«?
- Wie häufig erledige ich »das schnell selbst«, weil es vermeintlich länger dauern würde, den anderen in die Aufgabe einzuführen und die Erwartung an das zu erarbeitende Ergebnis abzuklären?
- Sehe ich in meinen Kollegen eher zur Selbstverantwortung fähige Menschen oder eher passive Lohnempfänger?

Wenn wir als Führungskräfte aus dem Weg gehen, wachsen damit automatisch die Handlungs- und Gestaltungsmöglichkeiten der anderen über die Zeit. Nicht linear, weil es – wie im »richtigen Leben« – auch Rückschläge und Enttäuschungen gibt. Aber in der Tendenz eben doch. Konsequent zu Ende gedacht: Führung führt andere in die Freiheit. Was für ein wundervoller Gedanke ...

WORAUF SICH DEIN TEAM EINSTELLEN KANN

... der direkt zu der Frage führt, was eure Teammitglieder erwarten können, wenn ihr die hier vorgeschlagenen Aspekte erfolgreicher Führung beherzigt.

Die gute Botschaft: Führung hat eindeutig an Bedeutung gewonnen. Ein Rückblick macht deutlich, wie groß dieser Bedeutungszuwachs tatsächlich ist. Während noch vor 10 bis 15 Jahren Aussagen wie *»Ich muss irgendwas mit Kultur machen, könnt ihr einen Workshop durchführen?«* oder *»Führung? Die HR-Kollegen können meinetwegen* *ein Training organisieren«* unseren Alltag pflasterten, ist inzwischen in bestimmt acht von zehn Vorstands- beziehungsweise Geschäftsführungsrunden angekommen, dass Führung der wichtigste Schmierstoff für die Erreichung der geschäftlichen Ziele ist. Was für eine Karriere: vom esoterisch angehauchten Wohlfühl-Debattierclub zur strategischen Priorität mit hoher betriebswirtschaftlicher Relevanz.

Ganz unabhängig davon, in welchem Ausmaß die hier entfalteten Führungselemente tatsächlich im Unternehmen gelebt werden – jeder Mitarbeitende im Unternehmen hat schlichtweg ein Recht darauf! Und das werden sie auch einfordern. Die nachwachsenden Generationen sowieso.

Wenn ihr viel Zeit in einer Organisation verbringt, prüft ihr zu Recht, inwieweit eine unternehmenskulturelle Umgebung vorherrscht, in der persönliches Wachstum möglich, vielleicht sogar wahrscheinlich ist.

CHECK: WO PERSÖNLICHES WACHSTUM MÖGLICH IST

Dies sind die wesentlichen Prüfkriterien:

- Wozu gibt es das Unternehmen? Gibt es einen übergeordneten Zweck?
- Wie klar ist mir, wozu ich mit meinen Aufgaben beitrage?
- In welchem Ausmaß ist die Unternehmensumgebung durch psychologische Sicherheit gekennzeichnet?
- Muss ich mir das Vertrauen oder das Misstrauen meiner Kollegen verdienen?
- Welche Handlungs- und Gestaltungsmöglichkeiten bieten die Aufgaben?

- Wie stark kann ich bei deren Erledigung meine persönlichen Stärken einbringen?
- In welchem Maß fördert die unternehmenskulturelle Prägung des Unternehmens ein Gefühl von Zugehörigkeit?
- Ist gegenseitiges Feedback eher selten oder an der Tagesordnung?
- Wie stark beschäftigen sich die Führungskräfte mit Markt- und Kundenanforderungen und wie stark mit nach innen gerichteten Diskussionen, Abstimmungen und Kämpfen?

Noch eine positive Nachricht: Mitarbeitende sind in einer starken Position. Ihre Verhandlungsmacht ist riesig. Demografie und der viel zitierte Fachkräftemangel lassen grüßen.

Hier die Herausforderungen, vor denen Führungskräfte in den kommenden Jahren stehen.

- **UNSICHERHEIT** – Einmal Leiter Controlling, immer Leiter Controlling. Das war einmal. Volatile Märkte, disruptive Technologieschübe, tektonische Verschiebungen in der globalen Wettbewerbslandschaft und entsprechend fortlaufende Anpassungen der Organisation beschreiben eine Zeit, die vor allem eines ist: unsicher. Bitte anschnallen!

- **AMBIGUITÄTSTOLERANZ** – Wir haben zu Beginn des ersten Kapitels den Begriff Ambiguität geklärt: Wir wissen nicht, mit welcher Wahrscheinlichkeit bestimmte, zuvor beschriebene Handlungsalternativen eintreten. Willkommen im Unternehmensalltag. Die Fähigkeit, die hiermit verbundene Unsicherheit zur Kenntnis zu nehmen und ertragen zu können (Ambiguitätstoleranz), wird für jeden Einzelnen fundamental.

- **VERÄNDERUNGSBEREITSCHAFT** – *»Wir haben gerade ein Change-Management-Projekt.«* Das waren noch Zeiten! Heute und zukünftig brauchen wir die Bereitschaft, Veränderung nicht mehr als Projekt (definitorisch: Ein Projekt hat einen Start- und einen Endzeitpunkt), sondern als dauerhafte Konstante zu begreifen. Diverse Einflüsse der künstlichen Intelligenz, deren Wirkungsmacht wir erst zu erahnen beginnen, werden diese Notwendigkeit dramatisch verstärken.

- **HETEROGENITÄT** – Im Zuge des Dynamogramms haben wir aufgezeigt, dass wir immer stärker in cross-funktionalen Teams zusammenarbeiten werden. Wir dürfen uns auf eine größere Heterogenität einstellen in Bezug auf Nationalität und Erfahrungshintergründe derjenigen, mit denen ihr zusammenarbeitet – spannend und bereichernd, gleichzeitig unübersichtlicher und anspruchsvoller.

- **VERPFLICHTUNG –** Die Mannschaft fordert eine stärkere Teilhabe an verschiedenen Führungsaspekten ein. Richtig so. Es wäre allerdings fatal, zu vergessen, dass mit wachsender Teilhabe auch ein Mehr an Verpflichtung einhergeht. Feedback? Fragt danach! Ein Konflikt schwelt schon zu lange? Macht den ersten Schritt zur Lösung! Die Ausrichtung des Geschäftsbereiches ist nebulös? Adressiert die fehlende Klarheit und wirkt an der Ausgestaltung mit! Die Liste ließe sich nahezu unendlich verlängern.

Herrliche Aussichten! Oder?

TIPPS FÜR DEN WEG

»Das war ein bemerkenswerter Ausflug in die Welt der Führung von morgen«, stellt Spock fest. »Aber wie können wir dafür sorgen, dass ich die guten Ideen dauerhaft in meinem Verantwortungsbereich verankern kann?«

Hierzu der Überblick in fünf Schritten:

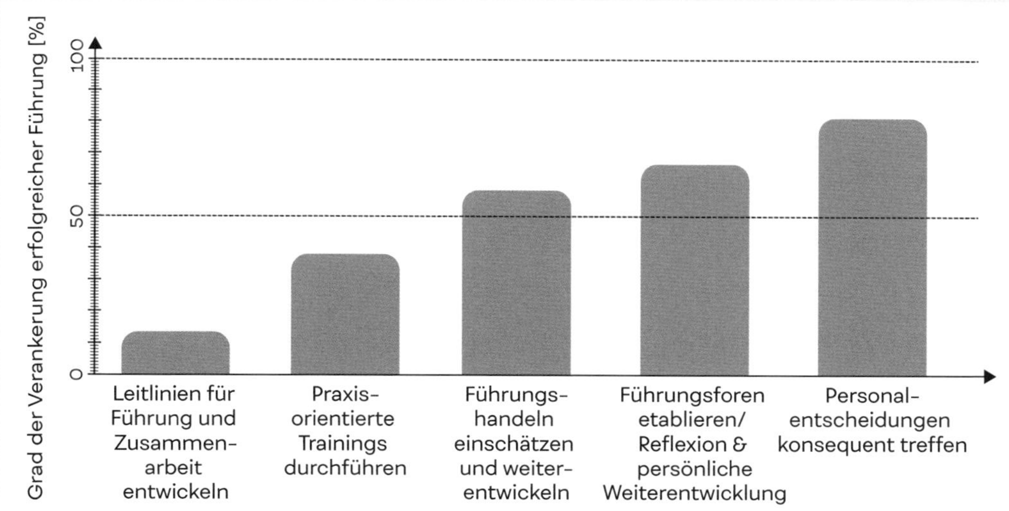

Verankerung erfolgreicher Führung (Prozentangaben = erfahrungsbasierte Schätzwerte)

Fünf Schritte also. Schauen wir sie uns an.

LEITLINIEN FÜR FÜHRUNG UND ZUSAMMENARBEIT ERARBEITEN

Im ersten Schritt definieren wir zunächst den Anspruch an Führung, ausgedrückt in einer Handvoll »Leitlinien für Führung und Zusammenarbeit«. Leitfrage: Was ist bei uns als Element von Führung unverzichtbar, damit wir unsere geschäftlichen Ziele erreichen? Beispiel: Wenn die Stärkung der Innovationskraft eine strategische Priorität für die kommenden Jahre darstellt, wird sich eine der Führungsleitlinien beispielsweise mit übergreifender Zusammenarbeit oder der Offenheit für neue Ideen und Herangehensweisen beschäftigen.

In Summe stellen die Leitlinien einen verbindlichen Rahmen für das Führungshandeln aller Führungskräfte im Unternehmen dar – vom CEO bis zu den Team- und Schichtleitern in den USA oder Vietnam. Die nachstehende Abbildung zeigt einen Auszug aus einem Unternehmensbeispiel.

Wir verstehen Konflikte als Chance, außergewöhnliche Ergebnisse zu erzielen. — Leitlinie für Führung und Zusammenarbeit

Konflikte gehören zur Weiterentwicklung unseres Unternehmens und von uns selbst. Wir packen sie konstruktiv an. Das stärkt unsere Wiederstandskraft. — Kurzbeschreibung der Leitlinie

Unterfütterung der Leitlinie mit konkreten, anfassbaren Beispielen:

DOs
- Konflikte direkt ansprechen und angehen
- Konflikte zeitnah und offen austragen
- Hinter gemeinsam getroffenen Entscheidungen stehen
- Mit Freude gemeinsam nach einer Lösung suchen
- Lösungsorientiert an Konflikte herangehen
- Unterschiedliche Sichtweisen und Interessen anerkennen
- Andere ausreden lassen
- ...

DON'Ts
- Konflikte zu schnell für beendet erklären
- Konfliktscheue zeigen
- Konflikte sehen, aber nicht ansprechen, wegschauen oder Konflikte ignorieren
- Ja sagen, wenn wir Nein denken
- Fragen: »Wer ist schuld?«
- Mimosenhaftigkeit
- Harmonie um jeden Preis erhalten
- ...

Führungsleitlinien (Auszug aus Unternehmensbeispiel)

Wie wir sehen, ist die Leitlinie mit konkreten positiven und kritischen Beispielen (DOs und DON'Ts) unterfüttert und wird dadurch greifbar, anfassbar und praxisnah.

KANN MAN FÜHRUNG LERNEN? VON SINN UND GRENZEN PRAXISNAHER TRAININGS

Dr. McCoy an Kirk gerichtet: »Captain, ich benötige unbedingt eine Schulung zu alternativen Heilungsmethoden. Ich habe bei der letzten Station erstaunliche Dinge gesehen!«

»Gut. Aber achten Sie darauf, dass die Inhalte für unsere Mission relevant sind und wir sie in unserer Crew anwenden können.«

»Selbstverständlich.«

Kann man Führungsthemen trainieren? Praxisnahe Trainings sind der heilige Gral jeder Weiterbildung: Sie sollen uns nicht nur Wissen vermitteln, sondern auch zeigen, wie man es anwendet.

Stellen wir uns vor, wir sitzen in einem Seminarraum. Der Trainer, nennen wir ihn Klaus, erklärt die neueste Verkaufstechnik. Dann dürfen wir das Gelernte in Rollenspielen üben. Klaus spielt den zögerlichen Kunden und wir sollen ihn überzeugen. Hier zeigt sich der erste große Vorteil: Praxisnahe Trainings bieten eine sichere Umgebung, um Fehler zu machen und daraus zu lernen, ohne dass der reale Kunde Reißaus nimmt. Wir bekommen direktes Feedback und können unsere Fähigkeiten verfeinern. Uns ausprobieren. Diese Trainings simulieren reale Situationen, stärken das Selbstbewusstsein und machen uns fit für den Ernstfall.

Doch es gibt Grenzen. So ein Seminarraum ist nicht das echte Leben. Der freundliche Kollege, der den unfreundlichen Kunden spielt, wird nie die unvorhersehbare Natur eines echten Kunden nachahmen können. Auch die Konsequenzen sind nicht dieselben: Im Rollenspiel führt ein Patzer zu Gelächter, im echten Leben zum Verlust eines Auftrags. Zudem fehlt oft die Zeit, komplexe und langwierige Prozesse vollständig durchzuspielen. Ein weiteres Problem ist die Übertragbarkeit: Was in der geschützten Umgebung klappt, funktioniert nicht zwangsläufig unter echtem Druck. Außerdem kann ein hochstrukturiertes Vorgehen, das ich im Training erlernt habe, mein kreatives und situationsflexibles Denken in der Praxis hemmen.

Wenn wir die Erwartungen richtig stecken, bieten praxisnahe Trainings einige Vorteile. Sie sind Werkzeuge, um Wissen greifbar zu machen und Selbstsicherheit aufzubauen. Aus der Vernetzung von erfahrenen Trainern mit Teilnehmenden aus verschiedenen Branchen entstehen neue Perspektiven. Aber wir sollten ihre Grenzen erkennen und uns bewusst sein, dass der wahre Test immer in der realen Welt stattfindet. Es bleibt also dabei: trainieren, lernen, aber vor allem – im echten Leben anwenden! Daher unser Tipp: Grundlagen in Trainings schaffen und dann so weit wie möglich »on the job« üben, beispielsweise durch gemischte Teams aus jüngeren und erfahrenen Kollegen, Mentorenprogramme oder Coaching.

PLAY: FÜHRUNGSTRAININGS DURCHFÜHREN

Wenn Führung grundsätzlich durch Übung mindestens verbessert werden kann, dann lauten unsere Empfehlungen für eure effektiven Trainingsworkshops:

- Kleine Gruppen bilden (idealerweise fünf bis acht Personen).
- Zeitlicher Rahmen: in der Regel halbtägig, gegebenenfalls ein Nachmittag und der folgende Vormittag.
- Modulartiger Aufbau (etwa dreimonatlicher Rhythmus).
- Methodik: prägnante fachliche Inputs, praktische Übungen und Austausch, Reflexion der Teilnehmenden untereinander.

Typische Trainingsinhalte sind unter anderem:

- Wie führe ich ein professionelles Feedbackgespräch?
- Wie löse ich Konflikte zeitnah und konstruktiv?
- Was sind die Kernelemente eines Jahresgespräches und wie führe ich es?
- Wie gebe ich Orientierung durch klare Kommunikation?
- Über Vertrauen und Motivation wird viel geredet. Aber wie kann ich beides konkret fördern?
- Wie können wir durch eine bessere Besprechungspraxis Zeit sparen?

FÜHRUNGSLEISTUNG TRANSPARENT UND MESSBAR MACHEN

Wir haben den Anspruch an Führung definiert und die Führungskräfte trainiert. Schön und gut. Beides bezieht sich auf gewünschte Soll-Zustände. Aber wie sieht es in der heutigen Praxis aus? Wie nehmen unsere Führungskräfte tatsächlich ihre Führungsaufgaben wahr? In den meisten Unternehmen, bis auf sichtbar gewordene Einzelfälle, eine Blackbox.

PLAY:
FÜHRUNGSHANDELN EINSCHÄTZEN

Mit VeeMind (www.veemind.com) haben wir ein Software-Tool entwickelt und für über 3000 Führungskräfte angewendet, mit dessen Hilfe das aktuelle Führungshandeln des Einzelnen sichtbar wird.

- Diejenigen Mitarbeitenden, die an eine Führungskraft berichten oder viel mit ihr zusammenarbeiten, schätzen das individuelle **FÜHRUNGSHANDELN ANHAND VON SECHS KATEGORIEN** (alternativ: anhand der Führungsleitlinien des Unternehmens) ein. Anonym.
- Jede Führungskraft erhält eine quantitative Auswertung, wo sie im Vergleich steht, und Textantworten zu drei einfachen Fragen:
  - Was schätze ich am meisten an der Führungskraft?
  - Was vermisse ich am meisten?
  - Was trage ich selbst bei zu einer gelungenen Führungs- und Arbeitsbeziehung?
- In der Reflexion der Ergebnisse geht es insbesondere um folgende Fragen:
  - Welche Ergebnisse überraschen mich positiv/negativ? Mit welchen habe ich gerechnet?
  - Was sind die Schlussfolgerungen für meine Führungsarbeit?
  - Was mache ich künftig anders? Was behalte ich bei?
  - Wie gebe ich meinen Mitarbeitenden eine Rückmeldung?
- Aus den Ergebnissen werden zielgerichtete Entwicklungsmaßnahmen abgeleitet.

Auf diesem Weg erhält jede Führungskraft eine differenzierte, individuelle Rückmeldung über ihr Führungshandeln. Ganz nebenbei gibt *VeeMind* oftmals einen neuen Impuls **FÜR DEN EHRLICHEN AUSTAUSCH ZWISCHEN TEAM UND FÜHRUNGSKRAFT IM ALLTAG.**

Die nachstehende Abbildung deutet einzelne Auswertungsmöglichkeiten von VeeMind an.

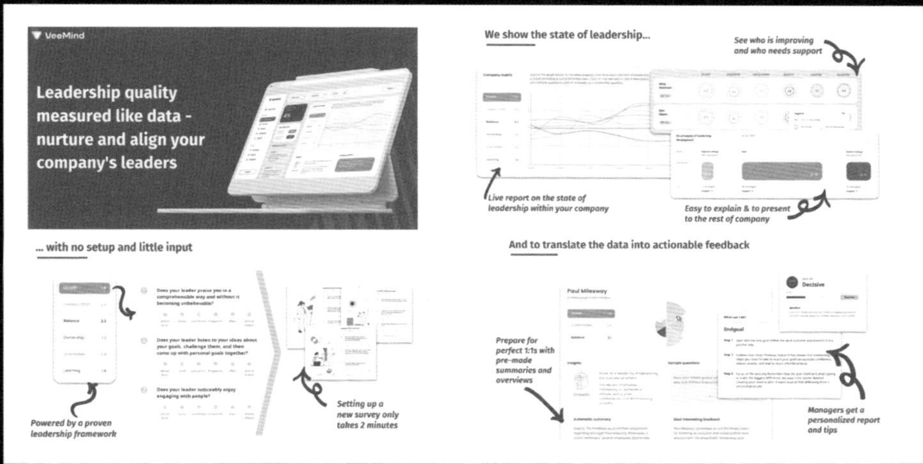

VeeMind – Führungshandeln transparent und messbar machen

FÜHRUNGSFOREN ETABLIEREN

Der gesamte dritte Teil des Playbooks ist von der Haltung geprägt, dass erfolgreiche Führung der wichtigste »Schmierstoff« ist, um unsere geschäftlichen Ziele zu erreichen. Wie gesagt: Der Zweck von Führung besteht darin, zur Überlebensfähigkeit des Unternehmens beizutragen. Gleichzeitig gibt es in den allermeisten Unternehmen kein Format, in dem sich Führungskräfte über ihre Führungssituationen, -erfolge und -schwierigkeiten austauschen können. Sie tun dies regelmäßig über technische Produktspezifikationen und manchmal auch über Kundenerwartungen. Aber eben nicht über Führung. Eine enorme Lücke.

PLAY: FÜHRUNGSFOREN ETABLIEREN

- Es bilden sich kleine Gruppen, idealerweise mit fünf bis acht Führungskräften, die sich zwei- bis dreimal pro Jahr für zirka 90 Minuten als Führungsforum treffen. Die Zusammensetzung der Gruppe bleibt stabil.
- Typischer Ablauf eines Führungsforums: Nach individuellen Updates aller Teilnehmenden erfolgt eine Präsentation (30 bis 45 Minuten) zu einem der folgenden Formate: Kollegiale Fallberatung; Reflexion zu einer der Leitlinien für Führung und Zusammenarbeit; Diskussion eines aktuellen (Führungs-)Themas. Die Moderation erfolgt rollierend.
- Das entscheidende Erfolgskriterium: NNN – *nichts* verlässt diesen geschützten Raum, und zwar *niemals* und an *niemanden*.

Wird diese Anforderung eingehalten, können Führungsforen eine enorme Kraft entfalten: Sie stärken den Einzelnen in seinem Führungshandeln und bringen nicht selten Zusammenarbeit und Zusammenhalt unter den Beteiligten auf ein zuvor unbekanntes Qualitätsniveau.

KONSEQUENZ IN PERSONALENTSCHEIDUNGEN

Captain Kirk zu sich selbst und während er den recht schweigsamen Scottie beobachtet: »Montgomery ist nicht nur heute, sondern seit Monaten nicht auf der Höhe. Er scheint mit seinen Aufgaben überfordert. Auch die anderen merken es. Aber ich kann ihn nicht aus dem Team nehmen, er würde das nicht verkraften.«

Ein fundamentales Missverständnis. Es besteht in der Fehlannahme, dem Kollegen die Konfrontation damit, dass er dauerhaft keinen ausreichenden Beitrag leistet, nicht zumuten zu können. Dabei besteht die eigentliche Zumutung darin, dass Montgomery über Monate keine Rückmeldung erhalten hat! Kommt euch das bekannt vor? Klar. Wir nehmen uns selbst hier nicht aus. Wie häufig haben wir uns schon gedacht: »Hätte ich das bloß vorher angesprochen!«

Trennung ist die *Ultima Ratio* – sie wird erst relevant, wenn alle anderen zuvor unternommenen Schritte nicht die notwendigen Mindestergebnisse gebracht haben. Und zugleich haben wir in Kapitel 2 gesehen, dass Trennungen integraler Bestandteil (fast) jeder Organisationsentwicklung sind. Damit wird die nachfolgende Konsequenzleiter zu einem Kernelement wirksamer Führung und ist gleichzeitig der Gegenentwurf zum »Hire and Fire« angelsächsischer Prägung.

PLAY:
KONSEQUENZLEITER ANWENDEN

Die wesentlichen Stufen:

- **FEEDBACK:** Es beginnt mit Feedback wie oben beschrieben: hochfrequent, auf einen konkreten Sachverhalt bezogen, verstanden als Lernchance und Geschenk für die eigene Entwicklung.

- **MEILENSTEIN:** Fruchtet das (wiederholte!) Feedback nicht, geht zunächst zur nächsten Stufe auf der Leiter und vereinbart einen Meilenstein, der beschreibt, was in ein paar Monaten erreicht sein soll. Essenziell: Haltet diese Vereinbarung schriftlich fest, nur dann kann sie die notwendige Klarheit schaffen und eine verpflichtende Kraft entfalten.

Unternehmensbeispiel: Eine der stärksten Führungskräfte des Weltmarktführers verantwortet ein wichtiges Geschäftsfeld an zwei Standorten. Den Standort A, der wesentlich von diesem Geschäftsfeld abhängt, vernachlässigt er jedoch spürbar.

Meilenstein-Vereinbarung: »Wir erwarten, dass du in den kommenden sechs Monaten mindestens 50 Prozent deiner Zeit am Standort A verbringst. Zweitens erwarten wir, dass du den Prozess der Besetzung der drei Schlüsselpositionen X, Y und Z sichtbar vorantreibst. Hierfür arbeitet unser Competence Center ›People‹ eng mit dir zusammen und du erhältst ein Budget für einen Headhunter. Drittens erwarten wir, dass du die Verlängerung des Servicevertrages mit Schlüsselkunde K, in enger Zusammenarbeit mit dem Customer Support, mit hoher Priorität verfolgst.« ■

Glasklar. Das Ergebnis eines ernsthaften, konzentrierten und konstruktiven Miteinander-Ringens. Ihr seht: Es muss nicht alles quantifiziert werden (ein Relikt aus den Managementjahren um die Jahrtausendwende, das langsam abgelöst wird). Aber beide Seiten werden nach sechs Monaten einschätzen können, inwieweit die Erwartungen erfüllt wurden. Es war übrigens der entscheidende Wendepunkt in der Auseinandersetzung mit dieser Führungskraft, nach monatelangen Widerständen und Wirksamkeitsverlusten.

- **EXTERNE BEGLEITUNG (OPTIONAL):** In ausgewählten, gut begründeten Fällen kann es Sinn machen, dass ihr in der nächsten Stufe eine externe Unterstützung hinzuzieht: Coaching, Sparring oder wie ihr es nennen wollt. Das Wichtigste: Haltet auch hier schriftlich fest, was erreicht werden soll, und definiert einen angemessenen zeitlichen Rahmen.

- **VERÄNDERUNG DES AUFGABEN- UND VERANTWORTUNGSBEREICHES:** Wenn Feedback, Meilenstein und externe Begleitung nicht die erhoffte Wirkung entfaltet haben, besteht die vorletzte Stufe der Konsequenzleiter darin, den Aufgaben- und Verantwortungsbereich des Betroffenen zu verändern. Auch in diesem Schritt besteht eine gute Chance, Trennungen zu verhindern. Wie viele Vertriebler wären nicht im Innendienst in der Vertriebsunterstützung besser aufgehoben? Wie viele Menschen mit Führungsverantwortung könnten nicht im Rahmen einer Fachverantwortung und -karriere einen deutlich besseren Beitrag leisten? Und so weiter.

Dumm nur, dass es in diesem Zusammenhang ein weiteres fundamentales Missverständnis mit sehr hohem Verbreitungsgrad gibt: »Das bekommen wir niemals gesichtswahrend hin!« Abgesehen davon, was hier offenbar im Mittelpunkt steht – die »Gesichtswahrung« (was immer das ist) eines Einzelnen und nicht die Leistungskraft des Gesamtunternehmens –, liegt der erste Denkfehler dieser Haltung darin, anzunehmen, die Organisation sei ein starres Gebilde. So wie es das Organigramm gut 100 Jahre visualisiert und symbolisiert hat. In diesen Gebilden war es tatsächlich so: Stelleninhaber blieben so lange auf ihrer statischen Stelle sitzen, bis eine Beförderung oder der Ruhestand kamen. In der Beförderung liegt der zweite Denkfehler: die Annahme, dass Veränderungen innerhalb der Organisation nur eine Richtung kennen – bergauf. Was bei stabilen Märkten (das waren noch Zeiten!) schon fragwürdig war, stellt sich nun als Anachronismus heraus.

- **TRENNUNG UND OUTPLACEMENT:** Wie gesagt – Ultima Ratio, wenn sämtliche der vorgenannten Schritte nicht funktionieren. Nach unserer Erfahrung ist dieser letzte Schritt bei klarer Anwendung der Konsequenzleiter nur in etwa 20 bis 30 Prozent aller Fälle erforderlich. Dann allerdings konsequent. Und zwar mit guter Vorbereitung, die im Wesentlichen die zurückliegenden Schritte zusammenfasst, dann die Entscheidung klar kommuniziert und schließlich den Vorschlag für die wirtschaftlichen und zeitlichen Bedingungen der Trennung benennt. Hierzu gehören gegebenenfalls auch Maßnahmen des Outplacements, mit denen der Kollege organisatorisch, inhaltlich und finanziell unterstützt wird bei seinem Weg in eine andere Organisation.

Konsequenzleiter

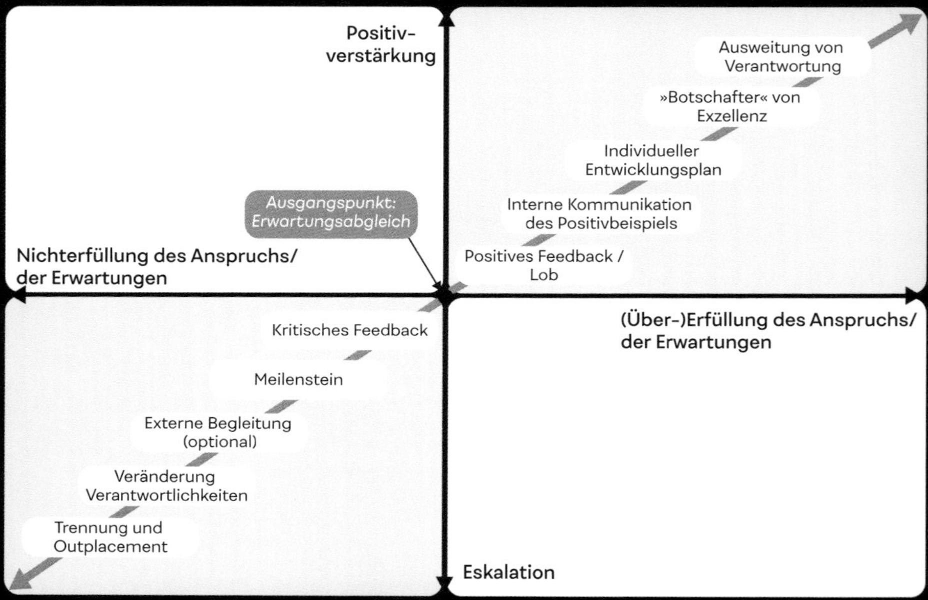

Wer entlang dieser Schritte vorgeht, benötigt Hartnäckigkeit – wie beschrieben eine der unverzichtbaren Zutaten für erfolgreiche Führung. Aber es lohnt sich: Auf diese Weise erspart ihr eurem Team und dem Unternehmen böse Überraschungen und euch selbst – bis auf Ausnahmen – die unterschiedlichsten Darbietungen des Nachtretens.

CHECK: TRENNUNG VORBEREITEN

Und wenn ihr den Weg der Trennung gehen müsst, fragt euch vorab:

- Hat der betroffene Kollege ausreichend Feedback über seine nicht ausreichende Leistung erhalten, idealerweise von unterschiedlichen Personen?
- Habt ihr einen angemessenen Meilenstein besprochen, schriftlich festgehalten sowie die Ergebnisse diskutiert und dokumentiert?
- Optional: Habt ihr Möglichkeiten der externen Unterstützung erörtert?
- Gibt es andere Aufgaben im Unternehmen, die eine ausreichende Passung zum individuellen Stärken- und Schwächen-Profil gewährleisten?
- Wer übernimmt welche Aufgaben?
- Wie wird sichergestellt, dass das Know-how des Kollegen dem Unternehmen erhalten bleibt?
- Sind die wirtschaftlichen Bedingungen des Ausstiegs (Zeitpunkt des Ausstiegs, Abfindung, Outplacement) klar beziehungsweise habt ihr einen angemessenen Vorschlag erarbeitet? Niemand will sich vor dem Arbeitsgericht streiten.
- Ist das Trennungsgespräch gut vorbereitet?

Schließlich die wichtigste, erfahrungsgestützte Erkenntnis in diesem Zusammenhang:

> **»*Etwa drei von vier der Betroffenen sind nach der Trennung glücklicher als vorher.*«**

Warum ist das so? Nun, im Wesentlichen, weil die Passung zwischen dem Anforderungsprofil der neuen Aufgabe und den individuellen Stärken und Schwächen woanders oftmals besser ausfällt.

ESSENTIALS FÜRS LOGBUCH

Nach diesem Feuerwerk zum Thema Führung steht Captain Kirk nachdenklich auf der Kommandobrücke und reflektiert. Er macht folgende konzentrierte Eintragungen ins Logbuch:

- **Der Zweck von Führung besteht darin, zur Überlebensfähigkeit beizutragen.**
- **Aus diesem Verständnis leiten sich fünf Kernaufgaben von Führung ab.**
  - ***Andere wachsen lassen:* Grundsätzlich durch eine vertrauensbasierte Umgebung mit einem hohen Maß an psychologischer Sicherheit, in der meine Crewmitglieder mit von innen kommender Motivation ans Werk gehen. Dafür benötigen sie Handlungs- und Gestaltungsmöglichkeiten, Aufgaben, bei denen sie ihre individuellen Stärken einbringen, sowie ein Gefühl der Zugehörigkeit. Ich nehme mir vor, meinen Crewmitgliedern, viel häufiger als bisher, positives und konstruktiv-kritisches Feedback zu ihrer Arbeit zu geben und dieses von meiner Mannschaft auch selbst einzufordern.**

  - *Entscheidungen treffen:* Unsere Kunden mit ihren heutigen und zukünftigen Bedürfnissen und Erwartungen sind ein wichtiger Maßstab, aber nicht der einzige. Ich nehme mir vor, die quälend langen Debatten der Vergangenheit abzulösen und das Konsent-Verfahren stärker anzuwenden. Für die anstehende Fusion mit Orion scheint mir die Sechs-Hüte-Vorgehensweise angemessen.

  - *Zusammenarbeit ermöglichen:* Ich werde alles anpacken, was unsere Zusammenarbeit wesentlich behindert. Dazu gehört neben dem Organigramm, das ich schon in Kapitel zwei entsorgt habe, unser Zielsystem.

  - *Transaktionskosten senken:* Die Planung unserer nächsten Mission konzentriere ich auf die wesentlichen Eckpunkte. Und die Zeit, die meine Crew und ich in Besprechungen verbringen, reduziere ich um 50 Prozent – das scheint mir machbar.

  - *Erhalten und Erneuern balancieren:* Mir ist bewusst geworden, dass es um Balance geht. Ja, ich habe einen Störungsauftrag. Gleichzeitig werde ich einen wachen Blick darauf haben, was unverändert bleiben kann.

- Bei der Wahrnehmung dieser Aufgaben werde ich oftmals einen langen Atem zeigen müssen. Führung muss dauerhaft wirken. Mir ist bewusst geworden, wie wichtig ein Growth Mindset ist. Daran werde ich kontinuierlich arbeiten. Ansonsten beherzige ich ab sofort die Haltung, dass jedes Crewmitglied sich mein *Miss*trauen erst einmal verdienen muss. Schließlich werde ich mich immer wieder selbst ermahnen, anderen aus dem Weg zu gehen.

- Nach dieser Reise sehe ich deutlich klarer, was meine Crew zukünftig zu erwarten hat. Einerseits werden sie stärker als bisher erfolgreiche Führung mit den genannten Zutaten einfordern als bisher. Und das mit Recht. Andererseits wird sich jeder darauf einstellen müssen, dass Teilhabe auch Verpflichtung bedeutet – wunderbar, denn so sehe ich noch deutlicher, wer für zukünftige Führungsaufgaben infrage kommt.

- **Endlich habe ich einen Plan, wie ich erfolgreiche Führung in unseren Alltag in fünf Schritten praktisch verankern kann. (1) Den Anspruch an Führung gemeinsam definieren. (2) Meine Crew in zentralen Führungsthemen praxisorientiert trainieren. (3) Das tatsächliche individuelle Führungshandeln transparent machen. (4) Führungsforen als geschützten Raum des Austausches etablieren. (5) Personalentscheidungen entlang der Konsequenzleiter treffen.**

- **Mir ist entlang dieser Reise deutlich geworden, mit welcher Haltung ich all diese Aufgaben wahrnehmen möchte: mit unaufgeregter Klarheit.**

Kirk, immer noch auf der Kommandobrücke. Ihm ist während der Reise entlang dieses Playbooks viel bewusster geworden, welch anspruchs-, aber auch wundervolle Aufgabe er als oberste Führungskraft der Enterprise hat. Was für ein großes Glück!

FOKUS IV

UNTER-
NEHMENS-
KULTUR
WACHSEN
LASSEN, STATT
ERZWINGEN

Ruhig gleitet die Enterprise durch das Weltall. Die Richtung ist klar, aber was die Crew erwarten wird, eher nicht. Angst, Zweifel oder Sorgen verspürt die Crew dennoch nicht – vielmehr liegt eine gespannte Vorfreude in der Luft. Captain Kirk strotzt vor Zuversicht, denn nach vielen Stunden gemeinsamer Arbeit sowie unzähligen Hochs und Tiefs weiß er: Das Engagement seiner Crew und das gegenseitige Vertrauen in die verschiedenen Fähigkeiten aller Crewmitglieder formen die einzigartige Kultur der Enterprise.

»Wir wollen unsere Kultur verändern. Deswegen haben wir ein Change-Management-Projekt durchgeführt. Nun müssen wir nur noch unsere Leute ins Boot holen.«

Willkommen zurück auf der Erdkugel. Wenn ihr den Begriff »Change Management« hört, werdet ihr misstrauisch. Denn:

ERSTENS LEBT UNTERNEHMENSKULTUR IMPLIZIT UND ENTWICKELT SICH IMPLIZIT WEITER – und nicht dadurch, dass wir sie explizit zum Diskussionsgegenstand machen. Wie sollte Letzteres funktionieren? Setzen wir uns in einen Stuhlkreis und singen ein »Kulturlied«? Eher nicht. Die Ersatzhandlung besteht darin, Unternehmenswerte zu entwickeln. Sie landen hinter poliertem Glas an den Wänden, werden übersehen, sind schnell vergessen und bleiben wirkungslos. Das schon erwähnte Unternehmen Netflix bringt es so auf den Punkt:

Unternehmensbeispiel: Werte bei Netflix: gelebte Verhaltensweisen und Fähigkeiten.

»Gelebte im Gegensatz zu nur hübschen Unternehmenswerten zeigen sich darin, wen die Führungskräfte mit mehr Verantwortung ausstatten oder von wem sie sich trennen. Werte leben in Form der Verhaltensweisen und Fähigkeiten, die wir bei unseren Kollegen wertschätzen. Bei Netflix wertschätzen wir neun Verhaltensweisen und Fähigkeiten – das heißt, wir gewinnen und fördern Menschen, die diese neun Verhaltensweisen und Fähigkeiten an den Tag legen.«

Die neun Begriffe belegt Netflix mit täglich zu beobachtenden, konkreten Verhaltensweisen. Diese beschreiben einen Anspruch an all die, die zu Netflix kommen oder sich dort weiterentwickeln wollen: https://jobs.netflix.com/culture ■

Alles, was ihr in diesem Playbook gelesen habt, formt die Unternehmenskultur. Mit der Arbeit an Strategie, Organisation und Führung schafft ihr die wesentlichen Grundlagen, die die unternehmenskulturelle Verfassung eures Unternehmens bestimmen und verändern. Kultur ist die Wirkung der herrschenden Verhältnisse – nicht deren Ursache. Sie ist eine durch die Organisation gelernte Ordnung, sie wird nicht durch das Management entschieden und eingeführt. Anders ausgedrückt:

> **»** ***Unternehmenskultur ist die Musik, die keiner hört, nach der aber alle tanzen.*** **«**

ZWEITENS: DIE UNTERNEHMENSKULTURELLE VERÄNDERUNG IST DAUERAUFGABE und kann nicht in einem Projekt versteckt werden. Hinter dem Begriff »Change Management« verbirgt sich das fehlgeleitete Verständnis, dass Kulturveränderung ein isoliertes Veränderungsthema mit einem Start- und Endpunkt ist. Ein Projekt »Kulturveränderung« kann allenfalls zum Gegenstand haben, dass ihr die im Zusammenhang mit Strategie, Organisation und Führung diskutierten Themen, Tipps, Handlungsweisen reflektiert.

In diesem Kontext steht auch die häufig gestellte Frage: »Wie lange dauert die Kulturveränderung?« Definierte Zeitspannen verkennen den Charakter als Daueraufgabe. Und wer es genauer wissen will: Es »dauert« in der Regel mehrere Jahre, bis sich eine unternehmenskulturelle Verfasstheit spürbar und dauerhaft verändert. Natürlich unter anderem abhängig von Größe und Struktur des Unternehmens, vom Zeitraum, in dem sich die aktuelle kulturelle Prägung herausgebildet und verfestigt hat, sowie von der Entschlossenheit der aktuellen Führungsmannschaft. Gleichzeitig erleben wir immer wieder, dass irgendwann doch der »Knoten platzt« und sich neue Handlungsmuster verfestigen. Als wäre ein Hebel umgelegt. Dann geht es »auf einmal rasend schnell«, so die von vielen geteilte Wahrnehmung.

DRITTENS: WERDET STUTZIG, WENN IHR FOLGENDE SÄTZE HÖRT: »Die Mannschaft ins Boot holen.« »Wir müssen unsere Leute mitnehmen und abholen.« Der Satz hat etwas Anmaßendes: »Wir sind die Kapitäne. Deswegen wissen wir auch, wo es langgeht. Jetzt brauchen wir nur noch ein paar Idioten an den Rudern der Galeere.« Wer so denkt, wird in der wichtigsten Frage des Unternehmens, nämlich beste Leute zu gewinnen, in den kommenden Jahren keinen Blumentopf gewinnen.

VIERTENS: UNTERNEHMENSKULTUR ENTSTEHT DURCH EINEN INSTITUTIONELLEN RAHMEN, nicht durch das »Herumdoktern« an Details. Die Paradoxie: Wer seine Mannschaft permanent »mitnehmen« oder »abholen« will, richtet sich gegen die Menschen in der Organisation, anstatt an den vorherrschenden Verhältnissen zu arbeiten. Genauso sehen dann die Menschen aus: »mitgenommen«. Mit dem gesamten Playbook arbeiten wir **AN** der Organisation – und schaffen gerade dadurch den Möglichkeitsraum, die Bedingungen für jeden Einzelnen, sich nach bestmöglichen Kräften einzusetzen und beizutragen. Eine entlastende Einsicht für alle Beteiligten.

Wenn sich Unternehmenskultur implizit durch unsere kontinuierliche Arbeit an den Themen Strategie, Organisation und Führung ergibt, woran könnt ihr die unternehmenskulturelle Verfassung erkennen? Wodurch erhaltet ihr zumindest Hinweise darauf?

CHECK: UNTERNEHMENSKULTUR ERKENNEN

- Wie wird bei uns Erfolg definiert?
- Wie werden Entscheidungen getroffen?
- Wie gehen wir mit Fehlentscheidungen um?

- Welches Maß an Vertrauen und psychologischer Sicherheit haben wir?
- Wer wird befördert und warum? Was muss ich tun, um in meiner Organisation »Karriere« zu machen oder nicht mehr dazuzugehören?
- Von wem trennt sich das Unternehmen?
- Wie sieht die Meetingpraxis aus?
- Womit kann ich mich in meiner Organisation so richtig beliebt oder unbeliebt machen?
- Was wäre anders, wenn ich XYZ zulassen oder weglassen würde?

Zu guter Letzt eine Liste der am meisten gehörten Bedenken gegen kulturelle Veränderung und wie ihr diesen begegnen könnt:

- **»DAS KÖNNEN WIR NOCH SPÄTER ENTSCHEIDEN.«** – Oft ein Ausdruck bequemer Untätigkeit vor unbequemer Übernahme von Verantwortung. Entgegnet: »Den Luxus können wir uns nicht (mehr) leisten, weil ...«
- **»WIR MÜSSEN ALS ERSTES EINEN PROZESS AUFSETZEN.«** – Ausdruck des Wunsches, Unsicherheit auf Kosten des notwendigen Raumes für systemisches Denken und Offenheit kontrollieren zu wollen. Verfallt nicht zu früh in Schlussfolgerungen. Verwendet Zeit auf die Klärung von Begriffen, auf die Entwicklung eines gemeinsamen Verständnisses der Situation des Unternehmens. Die Gründlichkeit am Anfang zahlt sich später um ein Vielfaches aus. Wir haben an verschiedenen Stellen des Playbooks für Klarheit in zentralen, häufig verwendeten Begriffen geworben. Daher: Haltet die wesentlichen Erkenntnisse und Zwischenergebnisse schriftlich fest – in einer einfachen, aktivierenden Sprache (Verben verwenden!). Harvard-Professorin Frances Frei: »Writing, still our

species' best tool of thinking". Schreiben schärft die eigenen Gedanken. Bilder können unterstützen, aber die Kraft des geschriebenen Wortes nicht ersetzen.

- **»WIR BRAUCHEN MEHR ANALYSE.«** – Ausdruck, sich nicht entscheiden zu wollen. Jeff Bezos hat einmal festgestellt, dass die meisten Entscheidungen mit 70 Prozent der Information getroffen werden können. Entgegnet: »Wir wollen nicht in die Gefahr der Paralyse durch Analyse laufen.«

- **»WIR DÜRFEN NICHTS ÜBERHASTEN.«** – Ausdruck der Verwechslung von Langsamkeit mit Sicherheit. Hiergegen hilft die Metapher des großen amerikanischen Schriftstellers Ralph Waldo Emerson: Wenn wir über dünnes Eis gehen, sollten wir das schnell tun – weil es die Wahrscheinlichkeit reduziert, dass wir einbrechen. Gerade in Zeiten schneller Veränderungen gibt es das »Zu spät«. Entgegnet: »Wo genau überhasten wir? Verwechselt nicht erforderliche Zügigkeit mit gewollter Verzögerung.«

- **»UNSERE LEUTE SIND VÖLLIG ÜBERLASTET.«** – Ausdruck von organisatorischen Problemen, die nichts mit strategischen Entscheidungen zu tun haben: mangelnde Effektivität (»Tun wir das Richtige?), mangelnde Effizienz (»Tun wir es richtig?«), Burn-outs (»Bin ich an der richtigen Stelle?« oder »Passen Kompetenz und Aufgabe noch zusammen?«). Darauf einzugehen und Geschwindigkeit zu drosseln, hieße, die bestehenden Defizite der Organisation weiter zu stützen. Entgegnet: »Warum seid ihr überlastet?«, und nehmt diese Erkenntnisse als Inspiration für die neue Organisation und Zusammenarbeit: »Stimmt. Das machen wir in Zukunft besser«.

EPILOG

Der Weltraum, unendliche Weiten. Wir schreiben das Jahr 2200. Dies sind die Abenteuer des Raumschiffes Enterprise, das mit seiner 400 Mann starken Besatzung fünf Jahre lang unterwegs ist, um neue Welten zu erforschen, neues Leben und neue Zivilisationen. Viele Lichtjahre von der Erde entfernt dringt die Enterprise in Galaxien vor, die nie ein Mensch zuvor gesehen hat.

Unsere Wettbewerbslandschaft, unendliche Weiten, die schon lange über tradierte Industriegrenzen hinausgehen. Wir schreiben das Jahr 2024. Dies sind die Abenteuer unseres Unternehmens, das mit seiner X-Personen starken Mannschaft zuversichtlich durch Unsicherheit navigiert und dabei das Spannungsfeld zwischen längerfristiger Orientierung und laufenden Anpassungen meistert, dafür eine maximal resiliente Organisation geschaffen hat und diese täglich durch erfolgreiches Führungshandeln mit Leben füllt.

Wir leben in unsicheren Zeiten. Tatsächlich vereint die Enterprise-Crew genau die Kompetenzen, die es in diesen Zeiten vorwiegend braucht: Selbstwertstabilität, Lotsenkompetenz, emotionale Resonanzstärke, Reflexionsroutine, Irritationsbereitschaft, Paradoxienverständnis, Zuversichtskommunikation und, last, but not least, Humor. Je mehr davon vorhanden ist, desto höher die Wahrscheinlichkeit, dass euer Unternehmen überlebt.

Dessen Führungskräfte begreifen diese Zeiten als Chance vielschichtiger Gestaltungsmöglichkeiten. Es erfüllt sie mit Freude, dass statische, lineare Denk- und Diskussionsmuster, hierarchisch geordnete Organisationen in Kästchen und ein kontrollierendes Führungsverständnis ausgedient haben. Dabei verstehen sie, dass die Reise ins Unbekannte ein »Infinite Game« ist, das nie an ein Ende kommen wird.

Jeden Tag könnt ihr hierzu beitragen. Ihr könnt euch glücklich schätzen!

LESEEMPFEHLUNGEN

Araton, Harvey/Van Gundy, Jeff: *Erfolgsstory NBA: Ein authentischer Blick auf 40 Jahre Basketballgeschichte.* Meyer & Meyer, 2020

Baumanns, Markus/Schumacher, Torsten: *Kein Bullshit: Was Manager heute wirklich können müssen.* Murmann Verlag, 2023 (3. aktualisierte Auflage)

Baecker, Dirk: *Postheroisches Management: Ein Vademecum.* Merve, 1994

Christensen, Clayton M.: *The Innovators Dilemma: Warum etablierte Unternehmen den Wettbewerb um bahnbrechende Innovationen verlieren.* Vahlen, 2011

De Bono, Edward: *Six Thinking Hats.* Back Bay Books, 1999

Derby, Esther/Larsen, Diana: *Agile Retrospective: Making Good Teams Great.* The Pragmatic Programmers, 2006

Drucker, Peter F.: *Management Challenges for the 21st Century.* Harper Business, 2001

Dweck, Carol S.: Mindset: *The New Psychology of Success.* Random House Publishing Group, 2007

Eidenschink, Klaus/Merkes, Ulrich: *Entscheidungen ohne Grund – Organisationen verstehen und beraten: Eine Metatheorie der Veränderung (Beraten in der Arbeitswelt).* Vandenhoeck & Ruprecht, 2021

Frei, Frances/Morriss, Anne: *Move Fast & Fix Things. The trusted leader's guide to solving hard problems.* Harvard Business Press, 2023

Friesike, Sascha/Sprondel, Johanna: *Träge Transformation. Welche Denkfehler den Digitalen Wandel blockieren.* Reclam, 2022

Gulati, Ranjay: *Deep purpose. The Heart and Soul of High-Performance companies.* Penguin Business, 2022

Hamel, Gary: *Das Ende des Managements: Unternehmensführung im 21. Jahrhundert.* Econ, 2008

Hamel, Gary: *Creating Organizations as Amazing as the People Inside Them.* Harvard Business Review Press, 2020

Harari, Yuval Noah: *21 Lektionen für das 21. Jahrhundert.* C. H. Beck, 2023

Inasiti, Marco/Lakhani, Karim R.: *Competing in the Age of AI. Strategy and Leadership when Algorithms and Networks Run the World.* Harvard Business Review Press, 2020

Kühl, Stefan: *Organisationen – Eine sehr kurze Einführung.* Springer, 2020

Laloux, Frederic: *Reinventing Organizations: Ein Leitfaden zur Gestaltung sinnstiftender Formen der Zusammenarbeit.* Vahlen, 2015

Lotter, Wolf: *Zusammenhänge: Wie wir lernen, die Welt wieder zu verstehen.* Edition Körber, 2020

Matthiesen, Kai/Muster, Judith/ Laudenbach, Peter: *Die Humanisierung der Organisation: Wie man dem Menschen gerecht wird, indem man den Großteil seines Wesens ignoriert.* Vahlen, 2022

Maister, David/Green, Charles H./ Galford, Robert M.: *The Trusted Advisor.* Free Press, 2001

Nadella, Satya: Hit Refresh: *A Memoir by Microsoft's CEO.* William Collins, 2018

Pfiffner, Martin: *Die dritte Dimension des Organisierens: Steuerung und Kommunikation.* Springer Gabler, 2020

Schein, Edgar H.: *Organizational Culture and Leadership.* Wiley, 2016

Sinek, Simon: *Leaders Eat Last: Why Some Teams Pull Together and Others Don't.* Penguin Publishing Group, 2017

Sinek, Simon: *The Infinite Game.* Portfolio Penguin, 2020

Smith, Wendy K./Lewis, Marianne W.: Both/And Thinking. *Embracing creative tensions to solve your toughest problems.* Harvard Business Press. Boston 2022.

Spisak, Mona/Picca, Moreno Della: *Führungsfaktor Psychologie: Was bewegt meine Mitarbeitenden wirklich und dauerhaft – auch aus der Komfortzone heraus?* Springer, 2017

Sprenger, Reinhard: *Das anständige Unternehmen: Was richtige Führung ausmacht - und was sie weglässt.* Deutsche Verlags-Anstalt, 2015

Sprenger, Reinhard: *Radikal führen.* Campus, 2023

Stanford, Naomi: *Designing Organizations: Why it matters and ways to do it well.* Economist Books, 2022.

Taleb, Nassim Nicholas: *The Black Swan: The Impact of the Highly Improbable.* Random House, 2010.

Townsend, David M./Hunt, Richard A./McMullen, Jeffrey S./Sarasvathy, Saras D.: »Uncertainty, Knowledge problems, and entrepreneurial action«, in: *Academy of Management Annals* Vol. 12, No. 2, 2018

Tuckman, Bruce W.: »Developmental sequence in small groups«, in: *Psy-chological Bulletin* 63, 1965, S. 384–399.

Watzlawick, Paul/Beavin, Janet/ Jackson, Don: *Menschliche Kommunikation: Formen, Störungen, Paradoxien.* Hogrefe AG, 2016

Weick, Karl E./Sutcliff, Kathleen M.: *Das Unerwartete managen: Wie Unternehmen aus Extremsituationen lernen.* Schäffer-Poeschel, 2016

Zenger, Todd: Make-or-buy Decisions. Online Trainings: https://www.todd zenger.com/make-or-buy-decisions, abgerufen: 19. Juli 2024

DIE PLAYBOOK-ENTERPRISE-CREW

Dr. Markus Baumanns – Der Mann im Ausguck, dessen rastlose Neugier die Crew unter Strom und auf Kurs Richtung Zukunft hält. Kein Trend, keine technologische Entwicklung, die seinem Auge entgeht.

Dr. Sandra Meister – Meisterhaft in allen Fragen von Strategie- und Organisationsentwicklung. Ihre Expertise hat Sie nicht nur zu verschiedenen namhaften Unternehmen, sondern auch zu einer Professur geführt.

Sebastian Jensen – Unser Tech-Officer. Wenn du willst, dass es auch im Digitalen gut wird, unser Go-to-Crewmitglied. Danish Dynamite, der mit seiner trockenen und analytischen Art Lachkrämpfe auslöst.

Karsten Schnelle – Unser Spezialist für alle Fragen rund um Führung, Organisationsentwicklung und Projektmanagement. Und mit Einsatzerfahrung als Captain.

Anke Krahn – Ruhe bewahren, analysieren und gezielt fragen. Als Interim Managerin und Executive Coach bringt sie Bewegung in festgefahrene Situationen und ist erfahrene Copilotin für schwierige Reiseabschnitte.

Dr. Torsten Schumacher – Der Chefstratege. Mit unaufgeregter Klarheit und seinem Humor der basso continuo unserer Crew.

Druckprodukt mit finanziellem
Klimabeitrag
ClimatePartner.com/12752-1803-1001

Zum Ausgleich für die entstandene CO_2-Emission bei der Produktion dieses Buches unterstützen wir die Bereitstellung von effizienten Kochöfen in Sambia. Die verbesserten Kochöfen verbrauchen zwei Drittel weniger Brennmaterial und verringern so nicht nur den CO_2-Ausstoß, sondern auch die Rodung der lokalen Wälder. Durch die bessere Luftqualität in den Räumen werden Atemwegserkrankungen verringert, und Familien können Zeit und Geld sparen, da weniger Brennmaterial benötigt wird.

Bibliografische Information der Deutschen Nationalbibliothek
Die Deutsche Nationalbibliothek verzeichnet diese Publikation in der Deutschen Nationalbibliografie; detaillierte bibliografische Daten sind im Internet über http://dnb.de abrufbar.

Druck: Steinmeier GmbH & Co. KG, Deiningen
Printed in Germany

ISBN 978-3-86774-809-4

Besuchen Sie uns im Internet: www.murmann-publishers.de
Ihre Meinung zu diesem Buch interessiert uns!
Zuschriften bitte an info@murmann-publishers.de
Den Newsletter des Murmann Verlages können Sie anfordern unter
newsletter@murmann-publishers.de